建筑巨无霸

画给孩子的历史奇迹

建筑巨无霸

[美]大卫·麦考利/著　王志庚　余　雯/译

江苏凤凰少年儿童出版社

图书在版编目（CIP）数据

建筑巨无霸 / (美) 大卫·麦考利著；王志庚等译. -- 南京：江苏凤凰少年儿童出版社, 2018.6
ISBN 978-7-5584-0862-5

Ⅰ.①建… Ⅱ.①大… ②王… ③余… Ⅲ.①建筑 - 青少年读物 Ⅳ.①TU-49

中国版本图书馆CIP数据核字(2018)第105687号

BUILDING BIG
by David Macaulay
Text and Illustrations copyright © 2000 by David Macaulay
Published by arrangement with Houghton Mifflin Harcourt
Publishing Company
through Bardon-Chinese Media Agency
Simplified Chinese translation copyright © 2018
by King-in Culture (Beijing) Co., Ltd.
ALL RIGHTS RESERVED

著作权合同登记号　图字：10-2016-018

本书简体中文版权由北斗耕林文化传媒（北京）有限公司取得，江苏凤凰少年儿童出版社出版。未经耕林许可，禁止任何媒体、网站、个人转载、摘编、镜像或利用其他方式使用本书内容。

书　　名	建筑巨无霸
策划监制	敖　德
责任编辑	陈艳梅　张婷芳
版权编辑	海韵佳
特约编辑	张　亮　严　雪　沙家蓉　森　林
特约审读	李雪竹
出版发行	江苏凤凰少年儿童出版社
地　　址	南京市湖南路1号A楼，邮编：210009
印　　刷	北京盛通印刷股份有限公司
开　　本	889毫米×1194毫米　1/16
印　　张	12
版　　次	2018年11月第1版　2018年11月第1次印刷
书　　号	ISBN 978-7-5584-0862-5
定　　价	99.00元

（图书如有印装错误请向印刷厂调换）

咕噜咕噜动漫微信　　天猫耕林旗舰店　　扫码免费收听音频　　关注耕林获取更多福利
　　　　　　　　　　手机天猫手机淘宝　　　　　　　　　　与孩子一起成为更好的自己
　　　　　　　　　　扫一扫

目　录

前　言

　　《建筑巨无霸》起源于一部建筑专题系列纪录片，我和许多制作人、摄影师一起，用了大约两年时间走遍了四大洲，采访那些设计和建造桥梁、隧道、摩天大楼、穹顶和大坝的人们。纪录片制作人关注的是建造巨型建筑的建筑师们的雄心，以及令他们伤心和喜悦的故事，而我却越来越对建筑物中的螺帽和螺钉感兴趣。这就是我。为什么采用这种外观设计？为什么选用钢材而不是混凝土或石材？为什么建在这里而不是其他地方？带着这些问题，我开始探究巨型建筑的设计和建造过程，而这些问题也正是当年的建筑师和设计师们需要首先明确并解决的问题。对这些问题的探究促成了这本《建筑巨无霸》的诞生。

　　系列纪录片呈现了巨型建筑的历史、社会和环境等信息，以及当时的社会背景，而我用更小的视角切入展开话题。我选取了纪录片中的部分建筑进行研究，聚焦在这些建筑的规划和设计难题，以及最终的解决方案上。其实，无论建筑物的规模和结构如何，每个建筑物都是一系列逻辑事件的结果。要建造巨型的建筑，常识和逻辑要素在这一过程中至少发挥着和想象力以及技术秘诀同等重要的作用。一旦我们认识到这一点，即使再宏大的建筑巨无霸也是容易被理解的。

第一章 桥 梁

所有大型建筑物都会让我们思考一个重要的问题——这座巨无霸建筑的缘起和原理是什么？而在所有大型建筑工程中，桥梁是最为常见的，它的外形直接显示它的功能，因此桥梁是本书最理想的开篇。

在大型现代桥梁中，当经济、实用成为核心问题时，几乎不会使用额外的附加构造来喧宾夺主。这些桥梁的独特之处在于它们的基础设计以及与所处环境的关系，而不是那些装饰部分。即使是那些被谨慎建造起来并历经多次修复的古桥，它们的功能也同样令人赞赏。

尽管对于桥梁的具体要求千差万别，但实际上所有的桥梁无外乎五种类型，即梁式桥、拱桥、钢架桥、吊桥和斜拉桥。本书中提到的并不一定是当时最大的桥梁，同所有的大桥一样，无论外观是否新颖，它们的建造程序都大致相同，包括：明确问题、建立目标、测试极限。最后，所有的桥梁或反映所处时代的桥梁技术，或代表技术的飞跃。

架设在水路之上的桥梁，对于既没翅膀又没鳃，但还想过河的人类来说，似乎有着永恒的吸引力。几个世纪以来，人们用智慧、直觉和勇气解决了一个个桥梁建造方面的问题，在这个星球的地表上造出了很多形态各异，功能强大的桥梁。

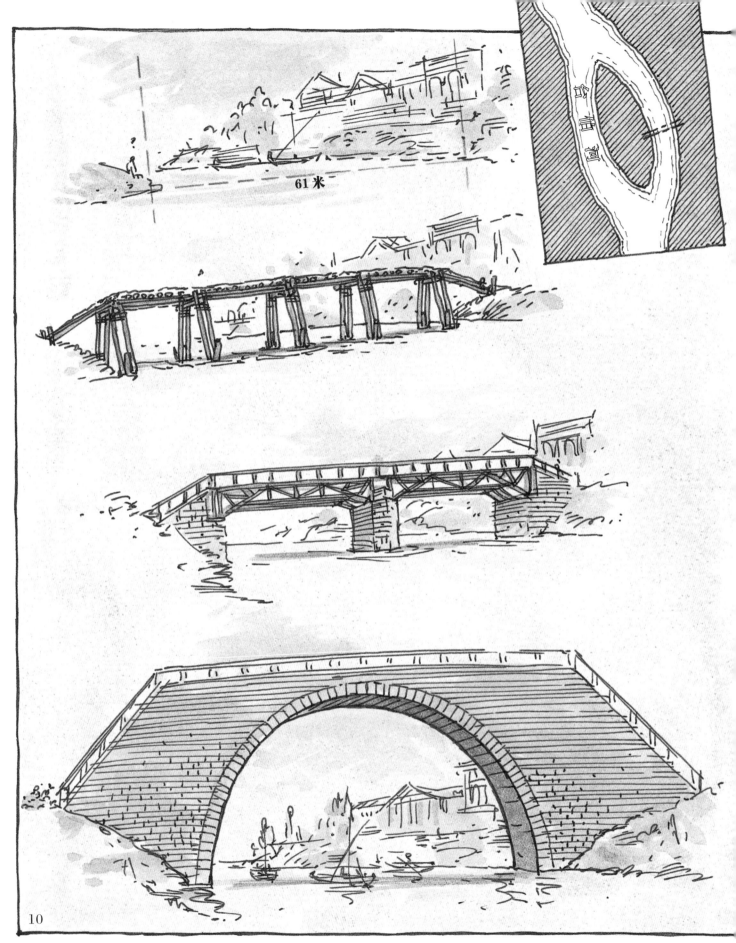

61米

白莲泾

法布雷西奥石桥

意大利，罗马，公元前 62 年。公路局局长和工程师们的任务是建造一座连接台伯岛的大桥，跨度大概有 61 米。台伯岛上有医疗设施，大桥必须方便行人通过，但桥身既不能太高，也不能太低，因为每天都有从奥斯提亚港口出发的船只从这里经过。

建筑师们可选择的桥梁结构包括全木梁结构（造价低，但不防火）、木梁石墩结构（不完全防火，但对水面交通影响较小），还有就是单拱石桥，这一结构绝对坚固、绝对防火，但却难于攀爬。

鉴于当时罗马建筑工程师的建筑经验和技术水平，他们不太可能对这些方案深思熟虑，最后的设计方案是一个双拱石桥。这一结构足够坚固（事实上，它现在依然矗立在河上），只需要在河道上增加一个桥墩，就足以保证船从桥下通过，也能保证行人轻松过桥。另外，三个小拱的设计可以在洪水来袭时减轻洪水对桥身的冲击力。

这位公路局长将自己的名字刻在法布雷西奥桥身的四个部位，显然，他对工程师们的设计方案是非常满意的。

罗马的工程师们知道，桥梁的稳固性取决于桥基建在什么地方。虽然桥基建立在任何地方都不会有新意，但把桥基建在河道中间显然是危险的尝试。建筑工匠们可能是在夏天河水水位较低时开始建造法布雷西奥桥的，他们也许使用了某种屏障，让水流临时转向，或者在中央桥墩周围建造了一座木制防水墙，这种墙被称为"围堰"。工匠们把围堰里的水抽干后，就可以在围堰圈起来的河床上施工了。

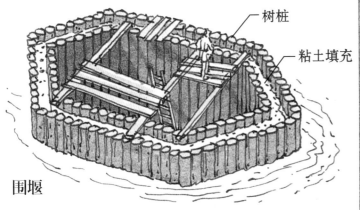

树桩

粘土填充

围堰

除了桥基外，最重要的就是两个桥拱，桥拱是建在一个木制临时拱架上的。当最后一块拱顶石安放完毕后，桥拱就宣告完成了。如果这时马上撤掉拱架的话，最上面的石头就会向下坠，这样会导致桥拱两端受到挤压而向外膨出。为了防止这种情况发生，在撤下拱架前，工人在桥拱的两端堆砌了很多建材，这样不仅可以防止石头滑动，还能将石头压得更紧。楔形石头被压得越重，拱形结构就越稳定，这样就能将所有的荷载传递到下面的桥基上。

这座桥已经建成 2000 多年了，至今仍在使用，它说明了正确的建筑形态和建筑材料相结合是多么重要。

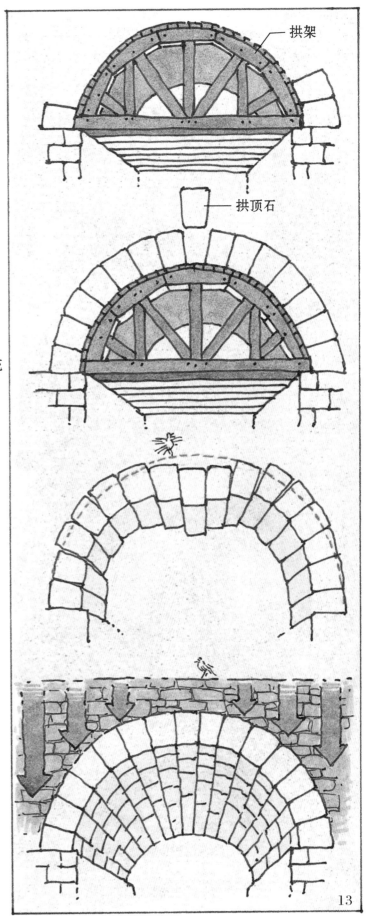

拱架

拱顶石

煤溪谷铁桥

英格兰，煤溪谷，1775 年。18 世纪后半叶，英格兰煤溪谷的赛文河成为工业原材料向外运输的一大阻碍。赛文河上的桥很少，当时的工业原材料主要通过渡船外运，但是渡船的运量无法满足日益增长的生产需求。

人们计划在塞文河上建造一座大桥，为避免阻碍河上船只通行，这座大桥必须是拱形结构，建筑师们可供选择的建筑材料仅限于木材、石头或砖块。但铁业大王亚布拉罕·达比三世认为，这是一个宣传铸铁技术以及他的铸造厂的绝好机会。石头不仅笨重而且难于切割，加工和运输费用也很昂贵。而要是建造一座铁桥的话，不仅很容易把铁铸造成所需形状，而且铁矿区和建桥地点距离很近，可以提高建桥的效率。达比最终建成了世界上第一座采用预制构件法施工的铁桥。

与法布雷西奥石桥不同，煤溪谷铁桥更像一组由 800 多个零件搭成的超大型积木。为铸造建桥的零件，需要先将一个等大的木制模型压进沙床中，再小心地将模型移走，然后将熔化的铁水灌注到模槽中，从而铸造出建桥部件。铁桥的建设者使用传统的楔形榫头、卯榫结构等木工接口法，用很轻的脚手架把大桥的所有零件组装起来，避免了因搭建拱架而对河面交通造成阻断。拱形结构显然是跨河大桥的最佳设计方案，它也被证明是最适合铁桥的建筑结构。拱形是一种抗压结构，而铸铁和石头一样，受压时处于最佳状态。我们无法知道达比是胸有成竹，还是仅凭运气——这座今天依然矗立的大桥，靠的就是其结构和建材的完美结合，而且这座大桥的开放性结构设计，让洪水能够轻松地从桥下通过。

大不列颠桥

北威尔士，班格尔，1838年。铁路工程师罗伯特·史蒂文森的任务是在北威尔士和安格尔西岛之间架设一座大桥，这座桥要足够坚固以便能通行火车。史蒂文森面临两个难题，一个是建桥的水域宽度超过274米，另一个是这座桥建在一条使用中的航道上，其设计方案必须得到英国海军的批准。为避免挤占航道，设计方案既不能采用拱形结构，也不能搭建桥墩，而且桥体到水面的高度至少要超过30.5米。

在考虑了多个建桥地点后，史蒂文森不出意外地选择了一个最佳的建桥点。他利用了海峡中心的一个小岛，没人禁止他使用那个小岛，这样，他就不用建造一座跨度很长的桥，而只需要建造两座较短的桥。因为无法建造拱桥，所以，他把大桥设计成了钢桁梁桥的结构。

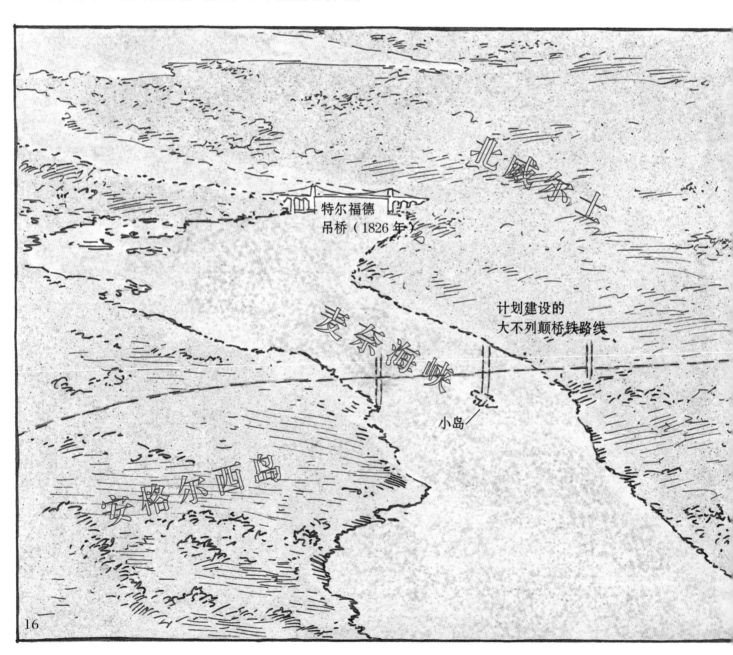

特尔福德
吊桥（1826年）

计划建设的
大不列颠桥铁路线

小岛

北威尔士

麦奈海峡

安格尔西岛

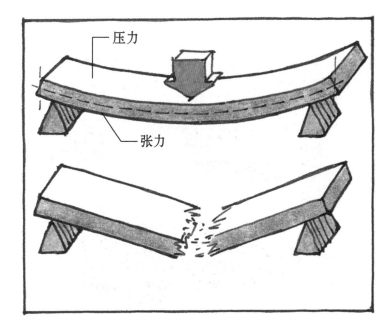

要理解大桥横梁的作用原理，我们可以想象一块厚木板放在两个支撑点上。试想你站在厚木板中间，木板因为受力而变弯曲，它的上表面受到压力稍稍变短，下表面受到张力而被拉伸。当厚木板无法承受这两种作用力或其中之一时，就会发生断裂。

正当史蒂文森为新桥建造桥墩的时候，在同一条铁路线上，由他设计的另一座梁柱结构大桥迪伊桥竟然垮塌了，造成了五人坠河死亡的事故。那座铁桥的梁基过于单薄，无法抵抗弯曲应力，大桥是由于侧面发生扭曲而最终垮塌。尽管这类事故非常罕见，但让史蒂文森和他的同事们认识到，大桥除了要抵抗弯曲应力之外，还要抵抗扭曲造成的压力。

1847 年 5 月 24 日，迪伊桥

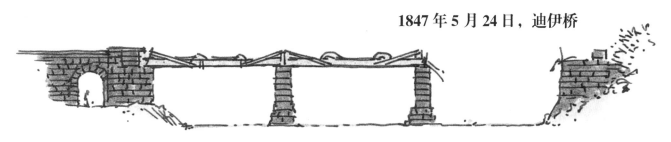

要将跨度超过 140.21 米的桥梁弯曲度降到最小，设计师需要使用巨大的横梁。木质横梁由于各种原因肯定不在考虑范围内，而铁质横梁又太沉太笨重。不过，我们可以想象一下，如果将木板侧立起来，它的上表面依然受到压力，下表面也依然受到张力，但弯曲度将减少很多，因为弯曲应力被分散到木板深层的区域内。按照这一原理，史蒂文森和他的同事威廉·费尔本增加了横梁高度，以便让火车从横梁中间通过，而不是从桥上通过，这一设计成功地解决了大桥的受力问题。

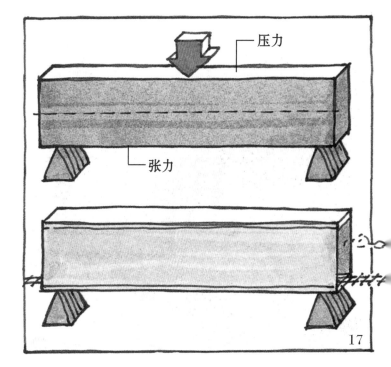

最终，这座桥由两个平行的钢桁梁组成，高度是 9.14 米，宽度是 4.57 米。钢梁采用熟铁制造，由高耸的石桥墩支撑。钢梁的两个侧面是薄隔板，顶部和底部是由小型的平行管道组成，所有部件都是铆接的。与生铁不同，熟铁在承受压力和张力时的表现都非常好，于是设计师在横梁顶部加装了更多的平行管，底部则使用较少的平行管，以防出现迪伊桥那样的垮塌事故。四个架设在水面上的钢梁组合体是在岸上装配完成的，工人们在涨潮时把它们漂移到正确的位置，当四条钢梁组合体被装进对应的桥墩竖槽后，起重机就慢慢地将它们吊装到预定高度。

大不列颠桥是本章提到的所有桥梁中唯一一座已经不复存在的大桥。虽然这座桥是用防火材料建造的，但 1970 年的一场大火还是造成了钢梁变形，由于桥面弯曲，无法满足火车通行的条件，最终它还是被一座拱桥取代了。

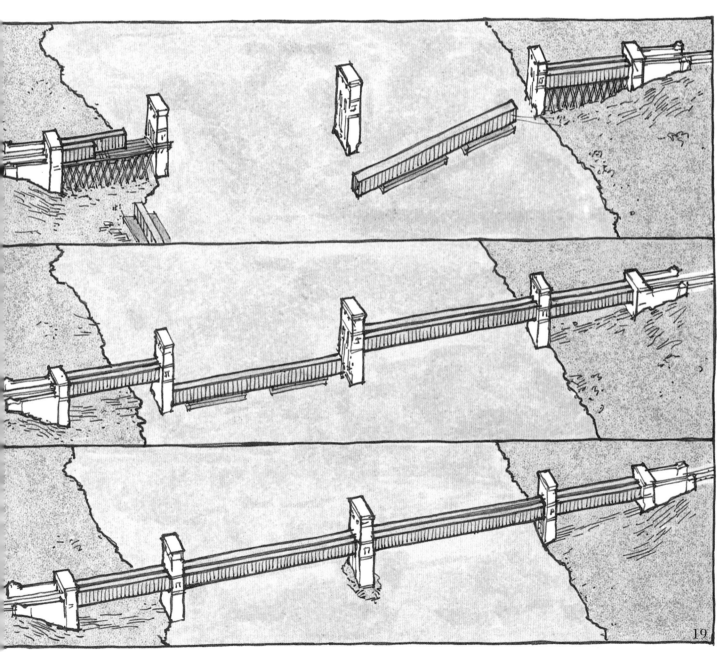

加拉比高架桥

法国，圣弗卢尔，1879 年。这次要建造一条穿过法国中央高原的火车运输通道，要跨越的水道只能算是条小河，位于预计建设的铁轨下方 121.92 米。设计师是古斯塔夫·埃菲尔，他曾经设计过上百座桥梁，加拉比高架桥是他职业设计生涯的最后一座桥。他既熟悉火车的通行需求，也了解这一地区的自然条件，这里不仅地形崎岖，峡谷陡深，而且风力极大。

埃菲尔除了采用厚重的建材来抗击强风，还设计了更加精巧的开放性结构，以便让强风能轻易地穿过桥身，这一设计还节约了建材——在偏远的地方建桥，这是很重要的需求。

加拉比高架桥属于桁架结构，即很多相互拼接的三角形的组合体，三角形的三边同时承受张力和压力。

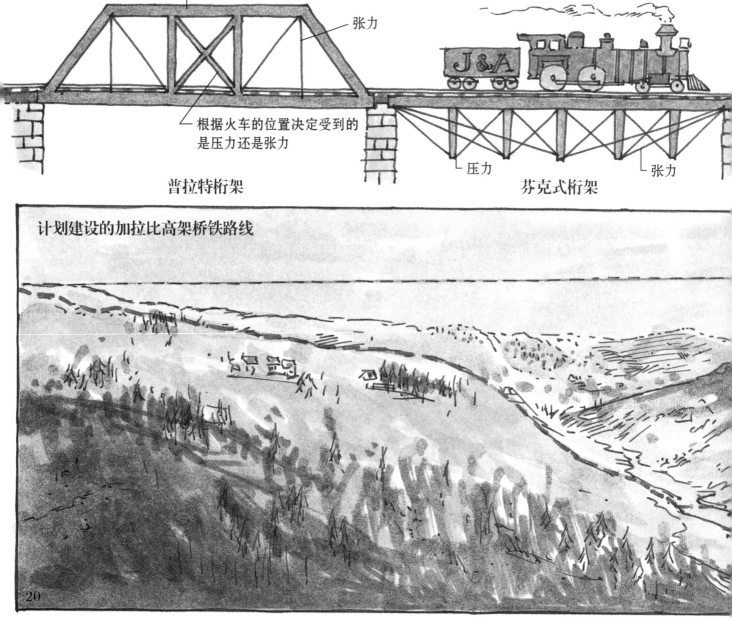

压力

张力

根据火车的位置决定受到的是压力还是张力

普拉特桁架

压力

张力

芬克式桁架

计划建设的加拉比高架桥铁路线

19世纪的北美洲，木材供给充足，人们利用基本的木工技术，建起了很多木桁架桥，火车很快就开到了西部。但也很快，那些木桥就被付之一炬。人们掌握了桁架结构的架桥原理后，用更加坚固的钢铁取代了木材。现在，钢桁架桥是北美地区最常见的桥，结构坚固，而且跨距很大。

下图中这四座钢桁架桥，有两座是以它们的设计者命名，另外两座以它们的形态命名。大部分钢桁架桥都向上拱起，称为拱度。当火车通过大桥时，大桥的弧拱就会被向下拉伸，但绝对不会下垂。

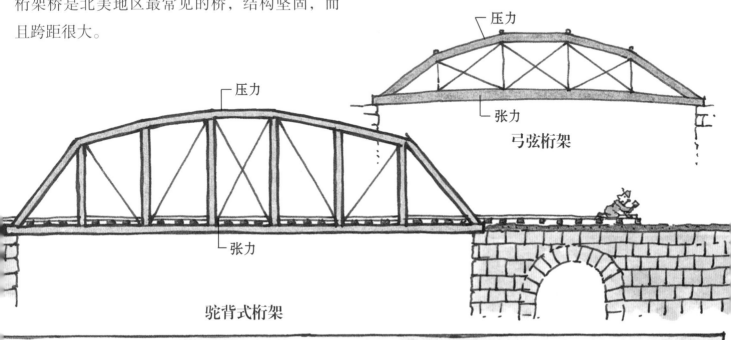

弓弦桁架

驼背式桁架

因为桥身长达 564 米，埃菲尔采用了梁柱结构设计方案。沿着山谷下坡，轨道支撑从石拱变成长长的桁架，而桁架则由一排铁塔支撑。埃菲尔在桥中央没有使用三座塔架作为支撑，而是在山谷最深处建造了一个跨度为 161.54 米的拱圈，拱圈上建有两座小型铁塔，这样，拱圈的顶端就有了第三个支撑点。

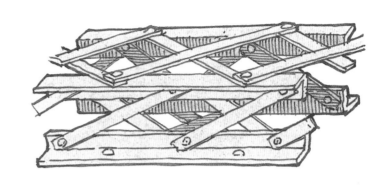

考虑到建材会自然地热胀冷缩，拱圈末端并非直接固定在石墩上，而是采用伸缩链与石墩相连。为增加铁塔和拱圈的刚度，塔基和拱圈的下部要比上部更宽。为降低风阻和减轻自重，桁架采用更小的熟铁条和角铁铆接而成。拱圈采用悬吊式从两端的伸缩链开始，向中间搭建，整个施工过程需要用悬索固定，直到拱圈合拢。虽然这座大桥不需要搭建拱架，但还是搭建了一座临时木栈桥，以便让工人通行和快速地运输建材。

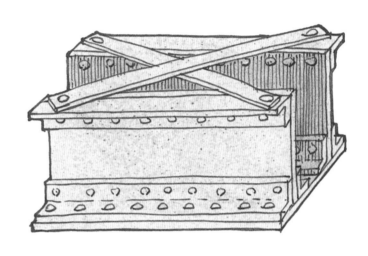

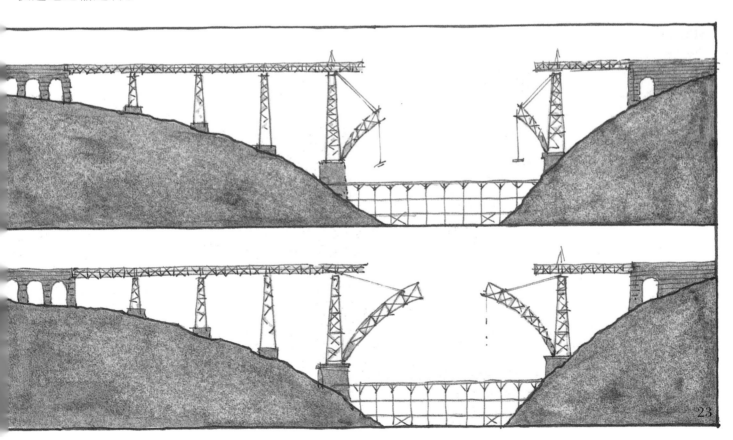

福斯桥

泰桥灾难，1879 年 12 月 28 日

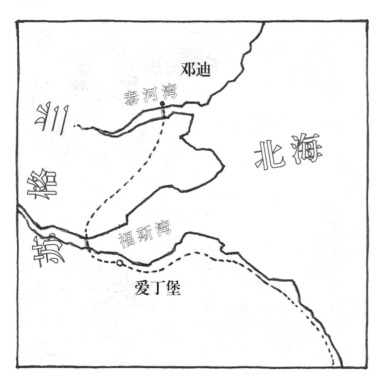

苏格兰，南昆斯费里，1880 年。1879 年 12 月 28 日晚上，采用梁柱结构的泰河大桥被强风吹垮，导致 70 多人丧生。这次垮塌事故让其设计师名誉扫地，他给同一铁路线上设计的另外一座大桥的方案也很快遭到弃用，新的设计任务交给了约翰·福勒和本杰明·贝克这两位工程师。他们的目标不仅仅是要设计一座新福斯湾大桥，而且还要重塑火车乘客对大桥的信心。他们设计的桥梁必须坚固，更重要的是，也要看起来非常坚固。

经过对河床地质的勘测，工程师们确定将大桥建在南北昆斯费里之间的河湾，桥梁总长 2414 米，其中大概三分之二的部分将建在水面上。建筑师们在设计之初就放弃了梁柱结构，即使桥墩不会对河面交通造成影响，但在水深超过 67 米的地方是无法进行水下施工的。工程师们曾考虑采用吊桥，虽然这种结构能够很好地支撑水面上的铁路路基，但看上去不太可靠，无法满足火车乘客的心理需求。

工程师团队的最终方案是采用三个大型悬臂结构和两个小型悬吊结构的组合体。中心悬臂将建在河口中央的因什加维岛。在水深允许的情况下，南侧悬臂尽量靠近中央悬臂，北侧悬臂则参照这个距离对等确定位置。

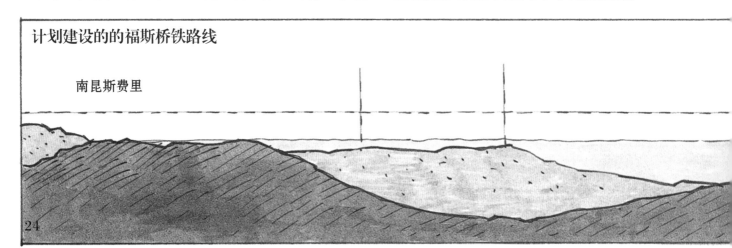
计划建设的的福斯桥铁路线

南昆斯费里

悬臂是只有一端固定的水平梁，两个悬臂支撑的中间部分称为悬跨。史蒂文森设计的大不列颠桥证明了可以通过增加横梁厚度减少弯曲。横梁弯曲大都发生在中间部分，所以中间部分是钢铁最厚的地方。福斯桥的悬臂支点在中间，这里是承重最大的部分。离支撑点越远，悬臂的受力越小，所需的建筑材料也更少。三条悬臂梁以支撑塔基为中心，向两侧伸展达到平衡。如果将这三条悬臂梁用两座小型吊桥相连，就能建成一座连续的横梁大桥。各个部分通过铰接头连接在一起，这样，横梁最大的受力仍会被直接导向桥基部分。

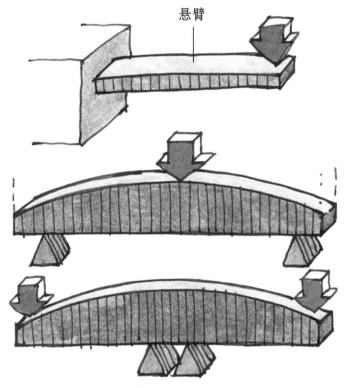

悬臂

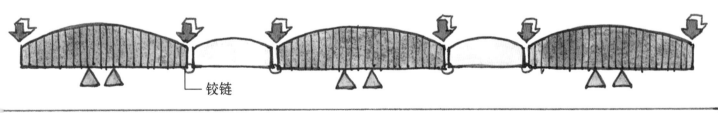

铰链

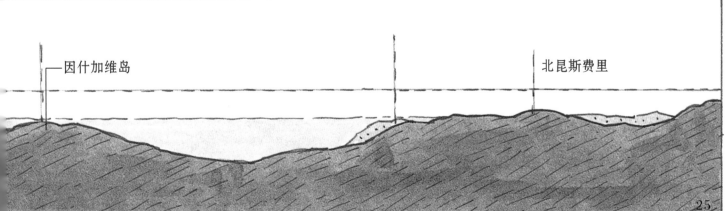

因什加维岛

北昆斯费里

每个塔基上各有四根筒状钢柱，十二根钢柱都建在各自的桥墩上，其中的六根支柱需要建在水中，水下桥基需要使用气压沉箱来建造。沉箱是一个巨大的无底箱形结构，直径和高度都为21.34米。沉箱是以零件的形式运到工地的，在河滩完成组装后，被拖到指定位置，沉入水中。工作室在沉箱底部，工作台在顶部，通过三根竖井管道连接，其中两根管道用来运输建材，一根管道用于工人通行。每根管道内都有一个气密舱，气泵将空气压入箱底，将底部工作室中的水排出。

现在，工人们可以安全地在水下的河床上施工了。他们挖掘淤泥、疏松岩石，并通过竖井管道将土石运到地面。与此同时，他们开始向工作室上面的空间填充混凝土，沉箱的重量因此逐渐增加，缓缓沉降到楔形基座上。当沉箱到达预定的坚实地面后，工作室中也会被灌注混凝土，一座坚实的塔基就建成了。它的上面可以建造石桥墩，用来支撑再往上的钢结构。尽管整个大桥工程一半的时间都花在建设桥基上，但我想，即便是法布雷西奥也一定会赞同这一 施工法。

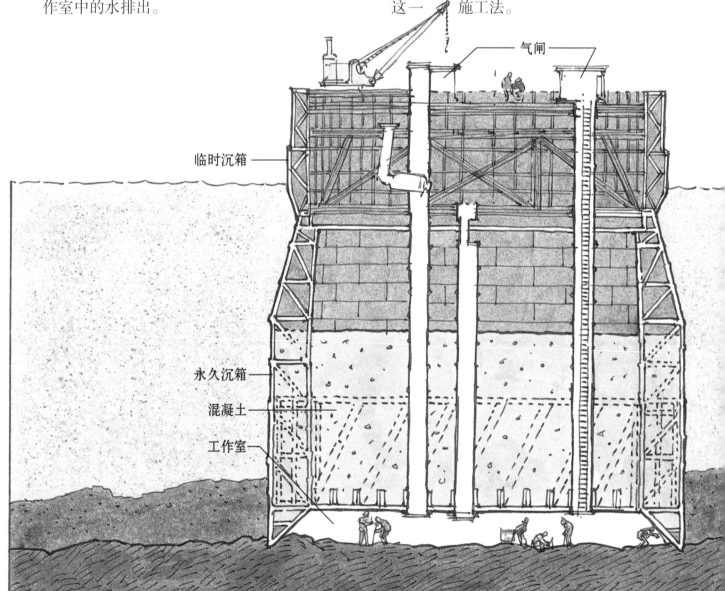

气闸

临时沉箱

永久沉箱

混凝土

工作室

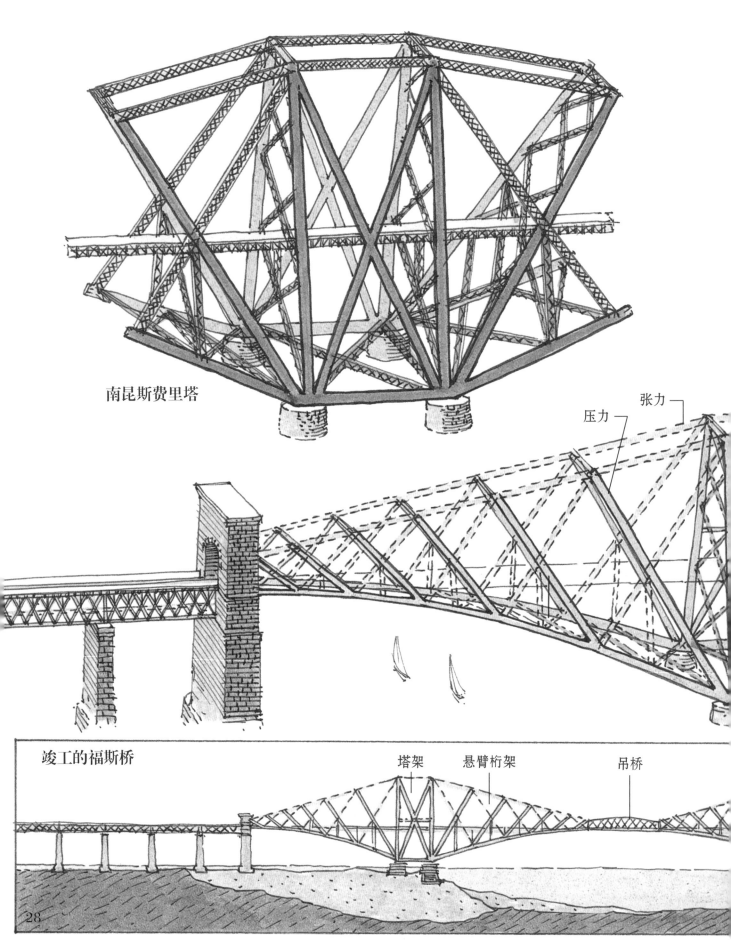

南昆斯费里塔

压力　张力

竣工的福斯桥

塔架　　悬臂桁架　　　　吊桥

28

强风和火车通过时产生的作用力通过悬臂传递到三个巨大的桥基（塔架）上，桁架的主通道直径达 3.7 米，五个通道被铆接在塔架上，和下面的桥墩相连。像加拉比高架桥那样，整座塔架结构下宽上窄，具备了更好的稳定性。

福勒和贝克建造了一座非常牢固的钢铁桥，从此大风再也无法将它吹倒。与大桥相比，火车变得非常渺小，这让所有的乘客都能获得安全感，即使是最多疑的乘客。福勒和贝克创造的这一结构成本非常昂贵，再加上如此庞大的规模，实在很难被再次复制。现在，唯一一座比福斯桥更大的悬臂桥位于魁北克，它是 1917 年建造的，不过只能算作福斯桥的山寨版。

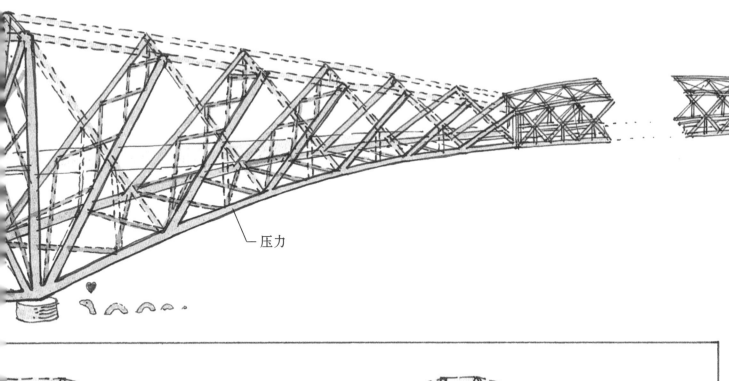

压力

金门大桥

美国，加利福尼亚州，旧金山，1930 年。旧金山曾经的问题是汽车太多而渡轮太少，为了开车去风景秀丽的马林郡和北加州，人们不得不排队等上几小时，甚至几天。解决的方法只有一个，就是修建一座跨河大桥。建筑师们在考察很多地方后选址金门海峡，那里的跨海距离最短，并且要建的引道公路也更短。尽管如此，它的跨度却是有史以来最大的。工程师约瑟夫·施特劳斯热切希望接受挑战，他最初的设计是建造一座悬臂桥和吊桥的结合体，但等建桥资金到位的时候，他的设计方案已经完全演变成一座吊桥。

吊桥的核心部分，除了桥面就是塔架、主缆和锚碇。桥面实际上是挂在吊索上的。如果主缆一头固定在塔架顶端的话，钢缆、桥面和交通工具的全部重量会导致塔架向内弯曲折断。为了防止这种事故发生，需要主缆越过塔架顶端，固定在坚石中的混凝土锚碇上。塔架两侧的钢缆同时产生向下拉的作用力，这个巨大的垂直向下的作用力，最终会传导到桥基上。

旧金山

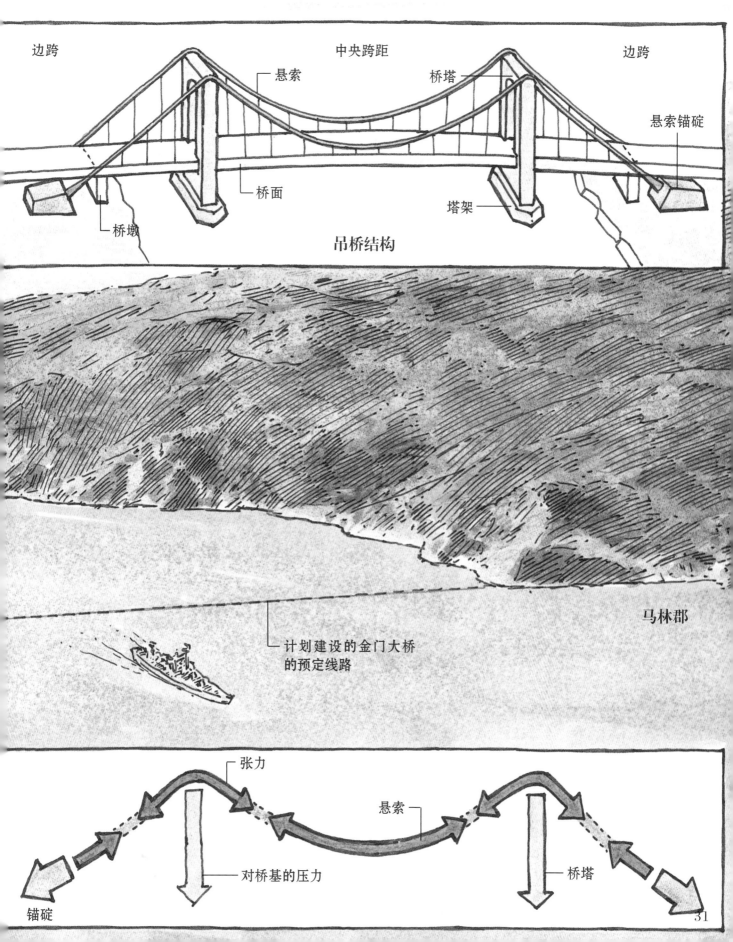

边跨

中央跨距

悬索

桥塔

边跨

悬索锚碇

桥面

塔架

桥墩

吊桥结构

马林郡

计划建设的金门大桥的预定线路

张力

悬索

对桥基的压力

桥塔

锚碇

31

最初，金门大桥似乎是一个自然而然的设计。车道线路确定后，塔架的位置也就确定了。两个塔架之间的跨距越短越好。马林郡一侧的海湾坡度很陡，因此，塔架被建在靠近海岸的地方。因为旧金山一侧的塔架需要建在岩床下 6.1 米的地方，而潜水作业最深只能实现 30.5 米，因此塔架选址在水深 24.4 米的地方，这导致大桥跨距达到了 1280 米。

为避免昂贵而不必要的水下作业，旧金山一侧用于支撑边跨末端和引道公路的桥塔建在了离塔架最近的陆地上，距离塔架 335 米；另一侧的桥塔到塔架的距离也是如此，以保证大桥的对称性。之后，主缆锚碇就可以沿着同一轴线安装在塔架后面了。

金门大桥跨距中心点的标高（67 米）和两个塔架的标高（64 米）是由美国海军确定的，以保证海军舰队能够安全通过。车道结构的厚度大约为 9 米，钢索的最低点约比桥面高出 3 米。为了让 1280 米跨度上的作用力能够均匀分布，主缆的高低落差必须在 143 米以达到最合适的曲度。将这些标高放在一起，你就能够计算出塔架距离水面的高度了。最后，车道宽度被定为 27 米，因为过窄的车道与如此庞大的钢铁大桥在视觉上不成比例。

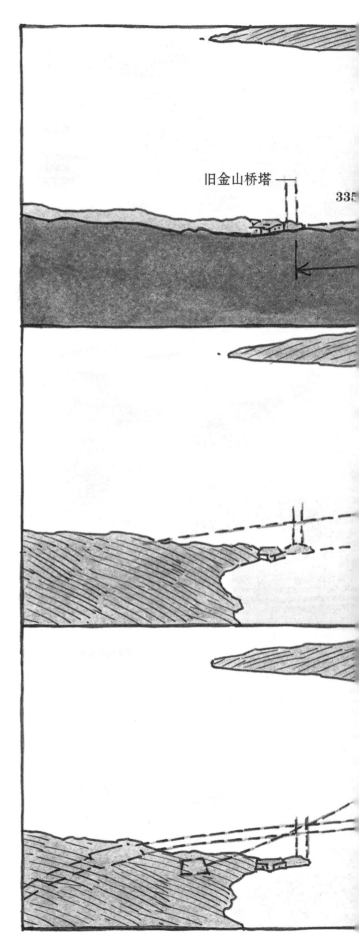

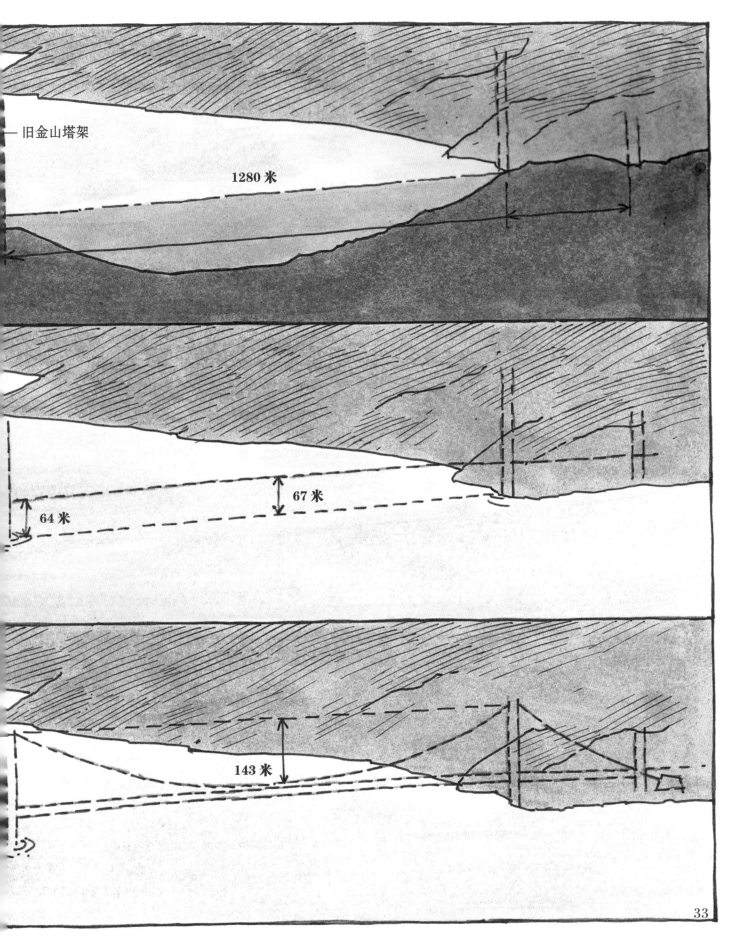

—旧金山塔架

1280 米

64 米

67 米

143 米

33

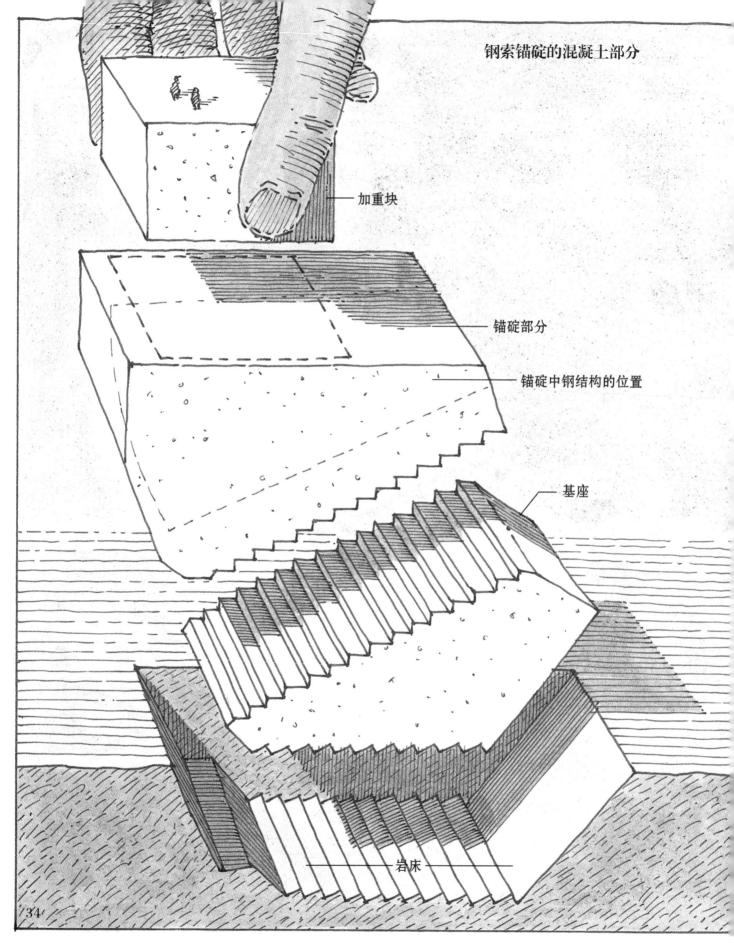

钢索锚碇的混凝土部分

加重块

锚碇部分

锚碇中钢结构的位置

基座

岩床

34

大桥的设计方案完成后，锚碇的施工就开始了。每个锚碇都由三部分组成：嵌入岩床中的基座、嵌入基座中的锚碇、放置在锚碇上的加重块。锚碇的巨大重量足以抵消掉主缆的拉力。主缆末端与一连串带环拉杆相连，拉杆被依次固定在锚碇背面的大梁上。大梁和带环拉杆都被灌注在混凝土中。

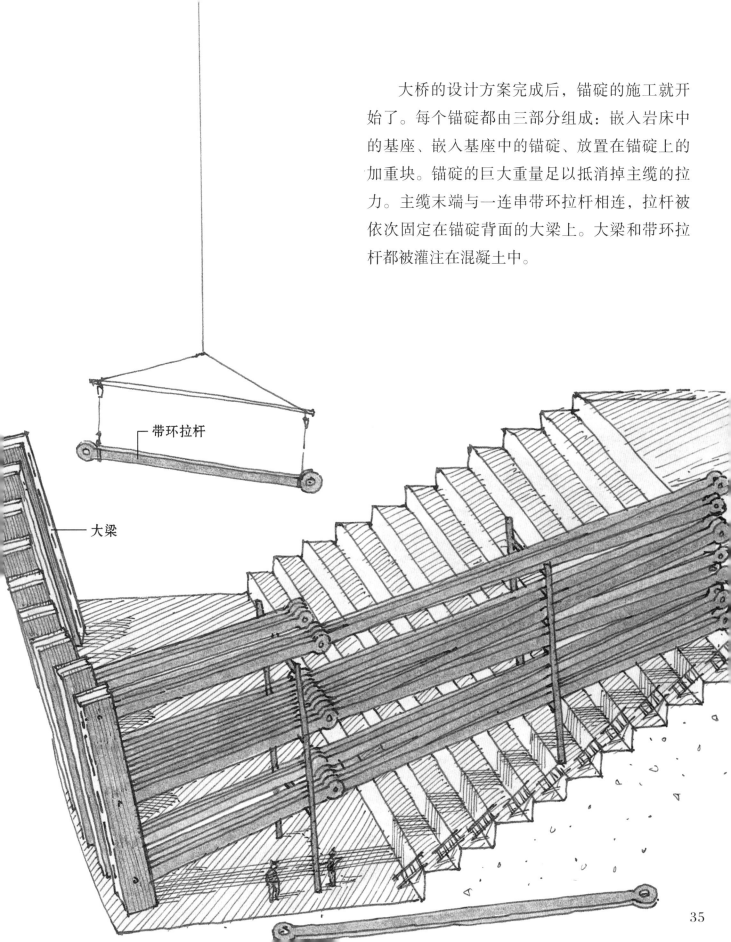

带环拉杆

大梁

两个钢铁塔架建在巨大的混凝土桥墩上，旧金山一侧的桥墩距离海岸335米，工人们先建了一座防波堤，用来方便运输和人员通行。在防波堤尾部还建造了巨大的椭圆形混凝土环状护坝，称为掩体。它的地基深入岩床6.1米，上面高于海面4.6米，不仅在施工过程中起到围堰的作用，也对桥墩起到了永久保护作用。

由于每个塔架只有两个支柱的下部需要混凝土浇筑，所以塔架的中间部分可以做成中空的。最后向中空的部分和掩体与桥墩之间的区域注入海水，这可为桥基增加重量。钢制角铁埋入混凝土中15米，最后都连接到塔架柱上，以提升塔身的稳定性。

木笼

钢板桩

岩墙

马林郡桥墩建筑工地

马林郡一侧的塔架桥墩建在靠近岸边的浅海，工人们首先建造了一个围堰，延伸进海里的部分用木笼建造，就是将装满石头的木箱沉到各自对应的位置，木笼末端用岩墙与陆地连接。最后，在整个结构外面加装钢板桩，这些钢板被打入地下并相互连结。这项工作结束后，再将围堰内的水完全抽出，就开始建造地基了。

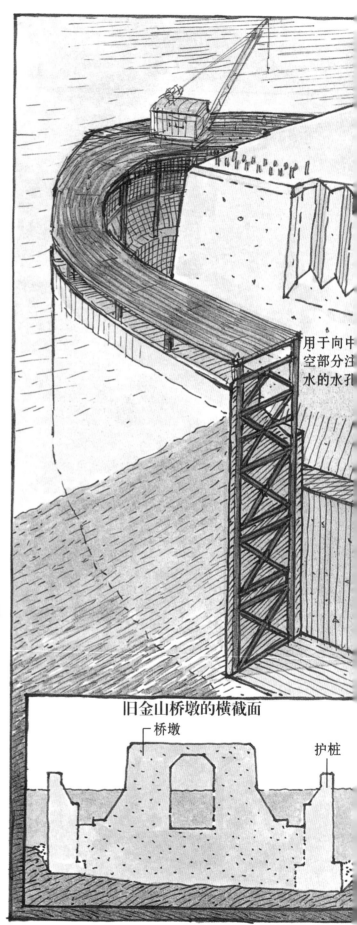

用于向中空部分注水的水孔

旧金山桥墩的横截面

桥墩

护桩

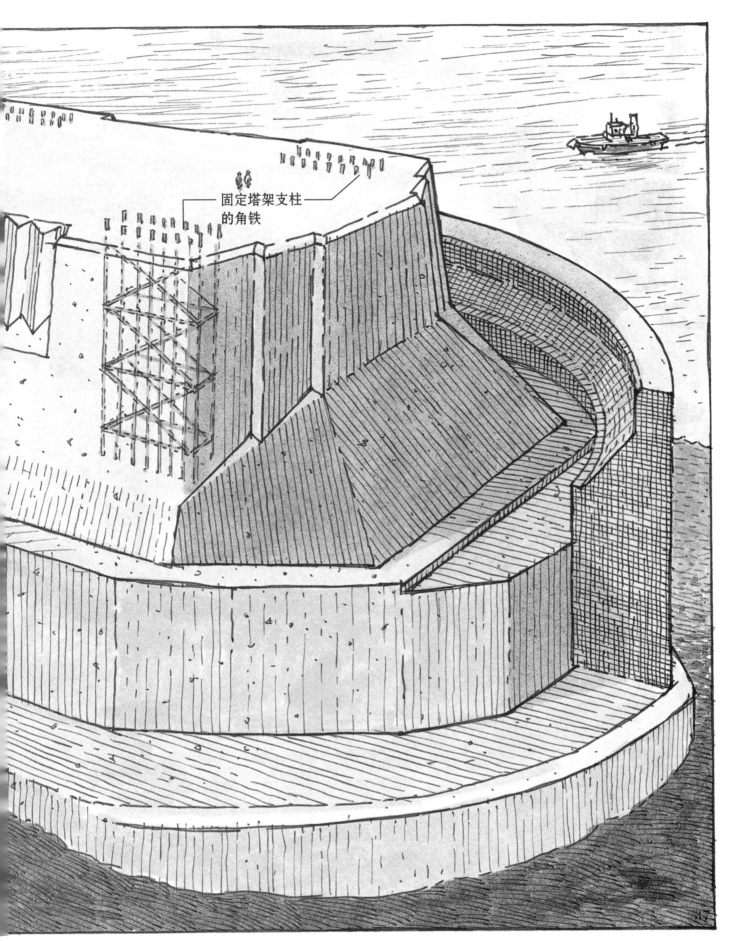

固定塔架支柱
的角铁

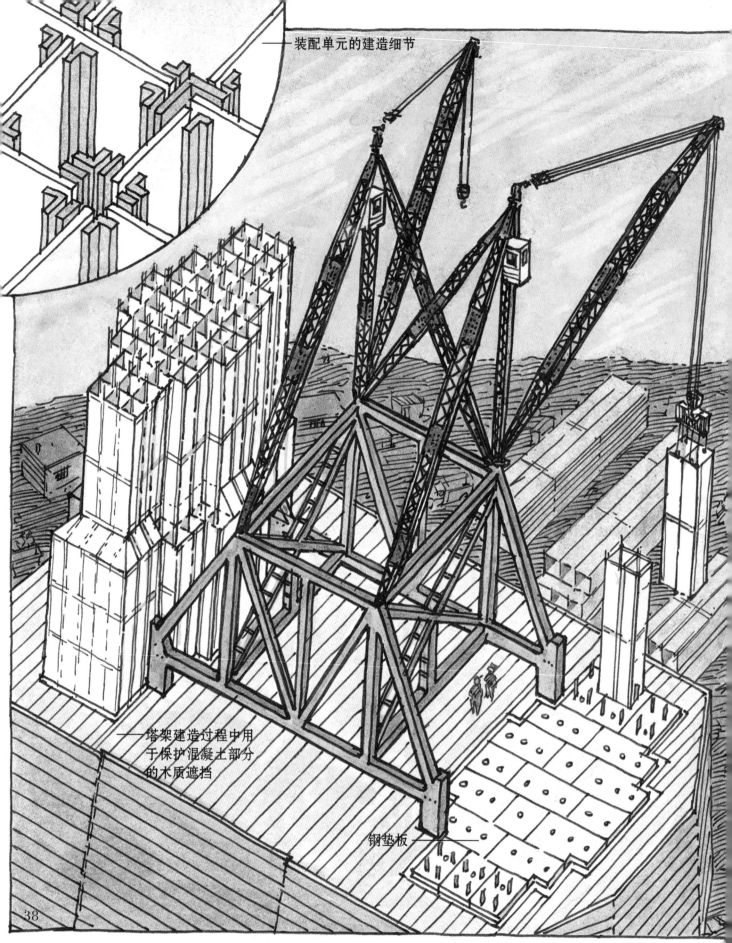

装配单元的建造细节

塔架建造过程中用于保护混凝土部分的木质遮挡

钢垫板

金门大桥的两座塔架是完全相同的结构。每座塔架底部都是两个相连的剪刀撑，保证整个塔架更好地抵御强风。每个脚柱由许多簇钢管构建而成，我们称为"装配单元"。每个单元约占地 0.33 平方米，大概 13.7 米高。这些单元由角钢和铁板铆接在一起。为分散脚柱的重力，防止直接压碎下面的混凝土，脚柱被固定在混凝土上的厚钢板上。

工人先用工作台将装配单元提升到预定高度，工作台上面有两台固定式起重机。当塔架脚柱达到了某个高度后，这个移动工作台也会被升上去，架在两个脚柱之间。马林郡的桥墩比对面那座桥墩建造起来更容易，它的塔架是较早竣工的。

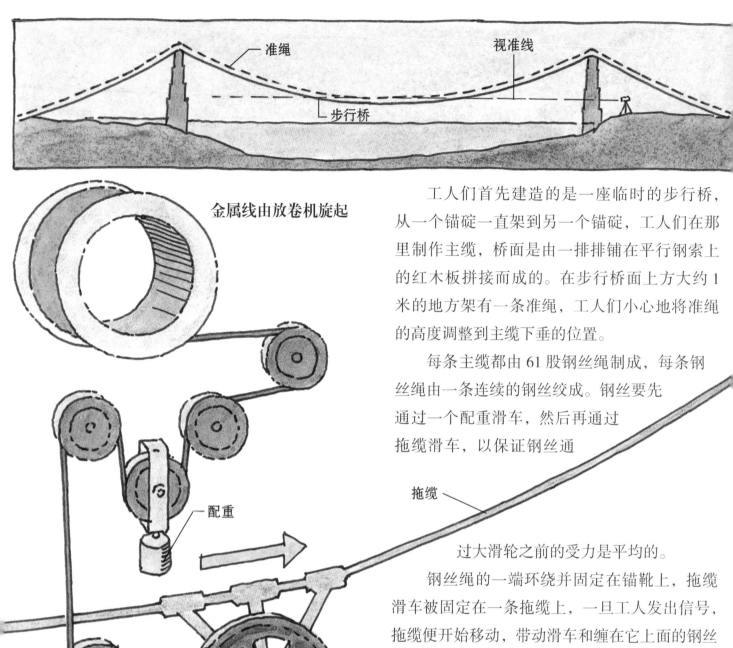

准绳

视准线

步行桥

金属线由放卷机旋起

配重

拖缆

液压千斤顶,用于在
纺制操作中固定锚靴
位置

钢丝圈

锚靴

末端被临时夹住

工人们首先建造的是一座临时的步行桥,从一个锚碇一直架到另一个锚碇,工人们在那里制作主缆,桥面是由一排排铺在平行钢索上的红木板拼接而成的。在步行桥面上方大约1米的地方架有一条准绳,工人们小心地将准绳的高度调整到主缆下垂的位置。

每条主缆都由61股钢丝绳制成,每条钢丝绳由一条连续的钢丝绞成。钢丝要先通过一个配重滑车,然后再通过拖缆滑车,以保证钢丝通

过大滑轮之前的受力是平均的。

钢丝绳的一端环绕并固定在锚靴上,拖缆滑车被固定在一条拖缆上,一旦工人发出信号,拖缆便开始移动,带动滑车和缠在它上面的钢丝绳向塔架顶端移动。

每个脚架的顶端都有一个特殊设计的结构,叫作"鞍座",它是一个精确制造的凹槽结构,完成的主缆最后就安放在这里。由于它的重量很大,所以四个鞍座都是分成三部分被运到塔架顶端再进行安装。

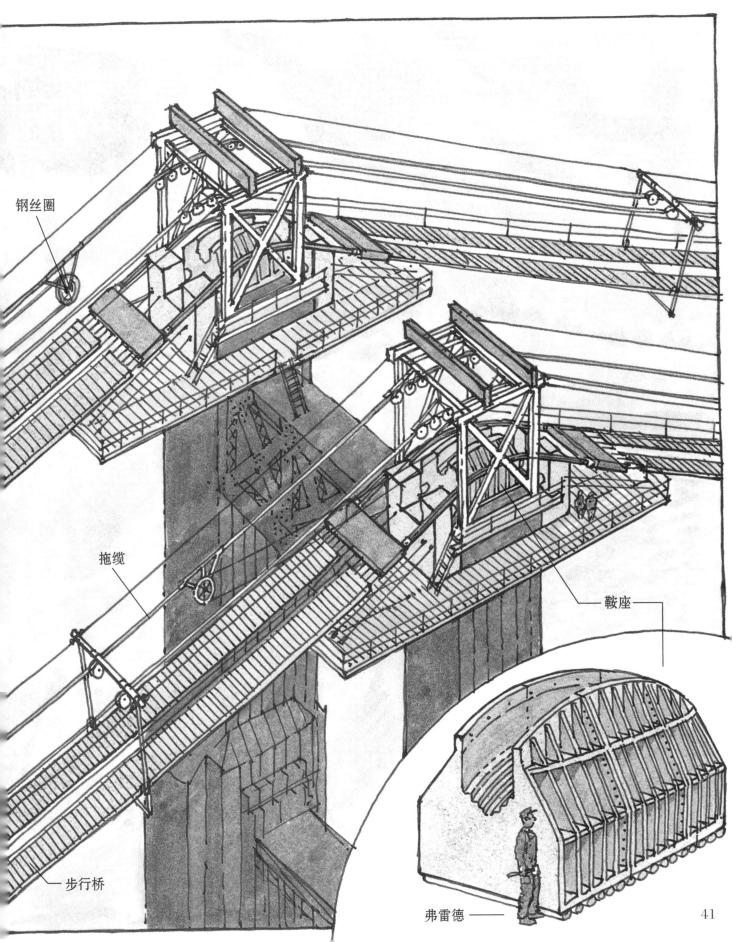

钢丝圈

拖缆

步行桥

鞍座

弗雷德

41

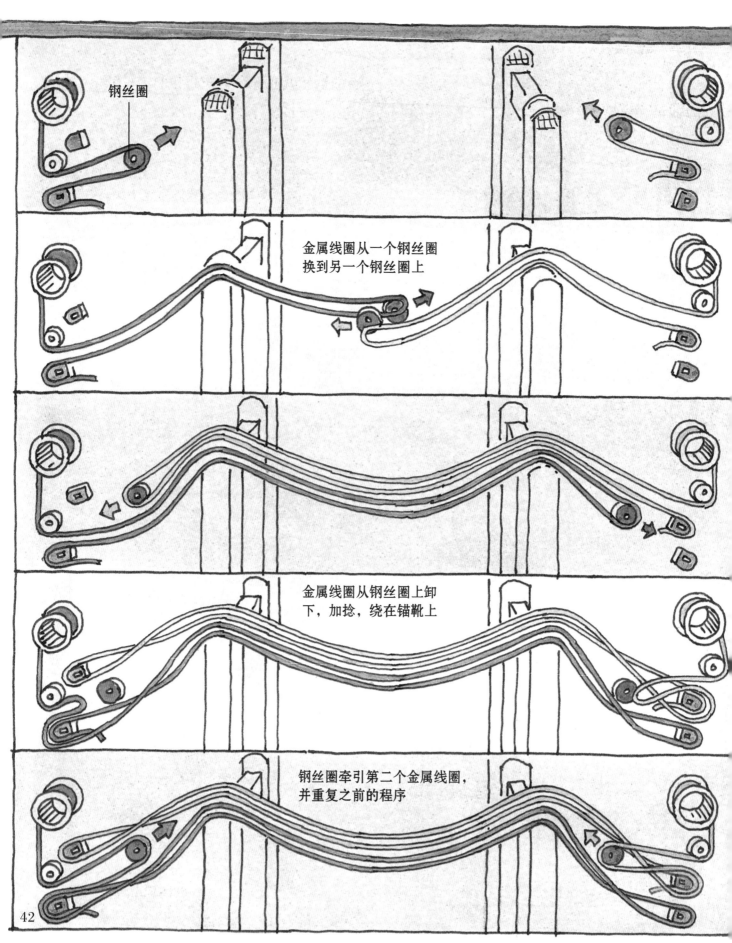

钢丝圈

金属线圈从一个钢丝圈
换到另一个钢丝圈上

金属线圈从钢丝圈上卸
下，加捻，绕在锚靴上

钢丝圈牵引第二个金属线圈，
并重复之前的程序

42

套筒 ————————————   金属线（实际尺寸）

每个拖缆滑车一开始拖动四条钢丝绳，后来为加快工程进度，增加到六条钢丝绳。这里我只画出两条钢丝绳作为示意。

两个拖缆滑车各拉一条钢丝绳相向移动，当它们在中跨点相遇时，钢丝绳从一个滑车滑到另一个滑车上。

现在，每个拖缆滑车重新折返回到初始的位置，从对面拉过来的钢丝绳就完成了它的行程。每股钢丝绳到达后会被卸下来，绕在各自的锚靴上。然后，工人再将一股新的钢丝绳绕到拖缆滑车上，重复之前的过程。

每股钢丝绳由 400 多段钢丝连接组成，总长度大约 805 千米。当一个线轴用完后，一条

新的钢丝就通过一个套筒和旧钢丝的尾端连接到一起，套筒可以防止两条钢丝被拉断。随着拖缆滑车来回拖动，工人们频繁地检查钢丝绳和准绳之间的高度差距，以保证主缆维持正确的曲率。

当工人制造钢丝绳的时候，最后一部分带环拉杆也被安装到锚碇上，工人将已经嵌入混凝土的锚碇和锚靴相连。锚靴一开始安装在带环拉杆前面的临时位置，以便钢丝绕在上面。

当钢丝绳纺缆完成后，锚靴就被向后拉，固定在带环拉杆上。

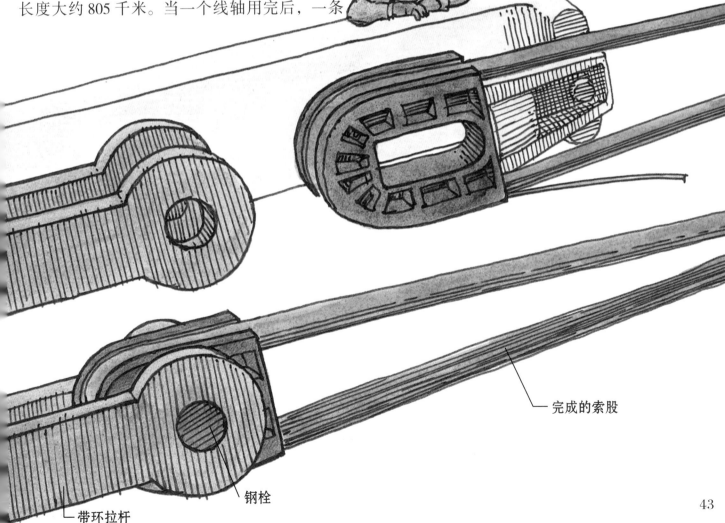

完成的索股

带环拉杆

钢栓

43

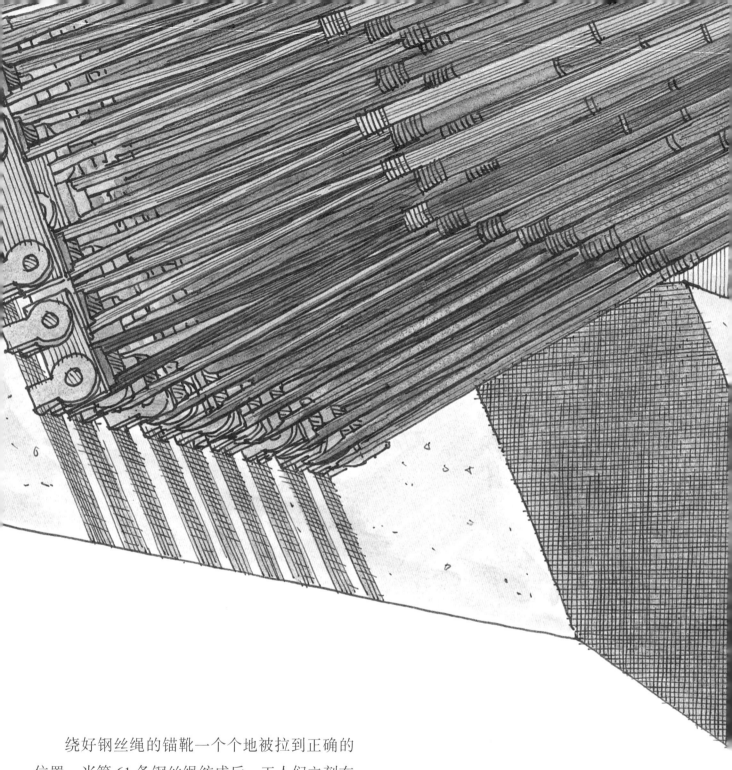

　　绕好钢丝绳的锚靴一个个地被拉到正确的
位置。当第 61 条钢丝绳纺成后，工人们立刻在
带环拉杆周围浇上混凝土，锚碇就竣工了。最后，
两对锚碇都将用墙和混凝土完全封起来。

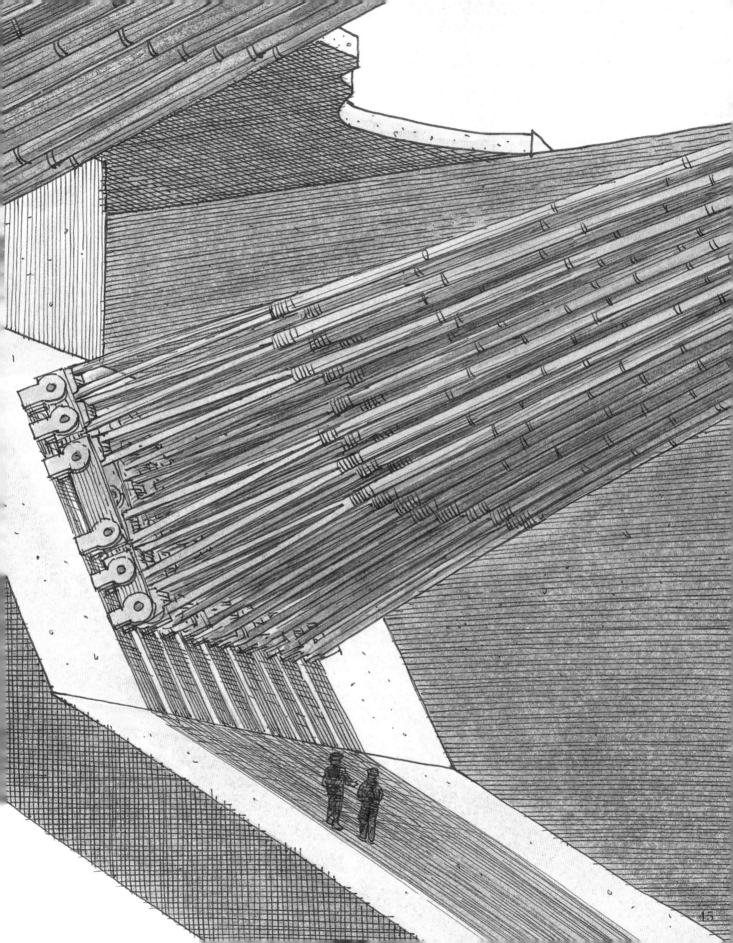

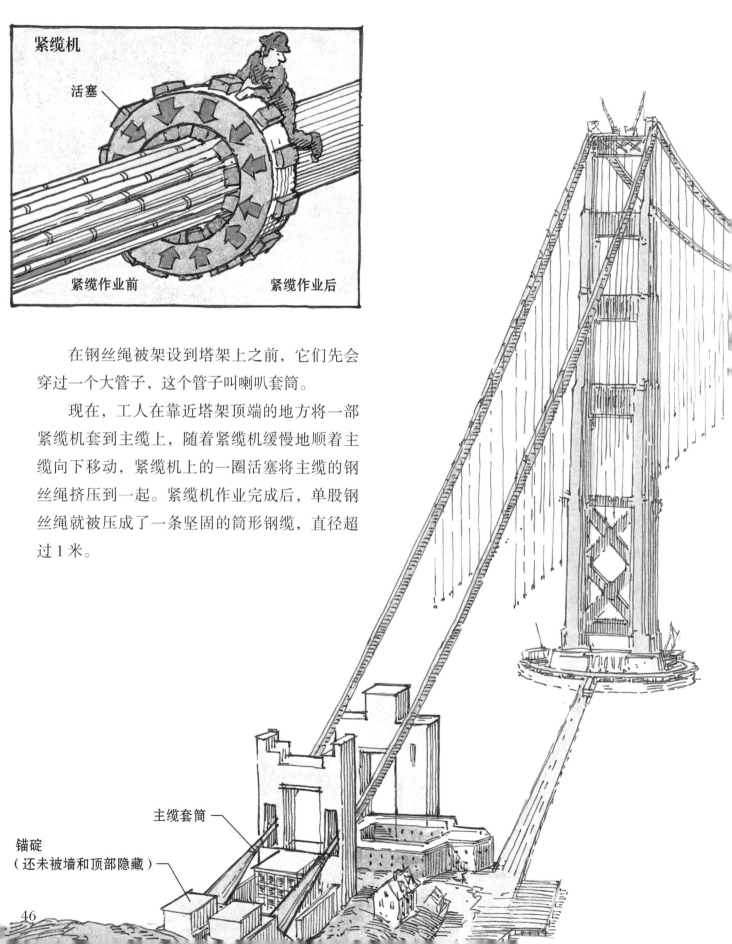

紧缆机

活塞

紧缆作业前　　　　　　紧缆作业后

在钢丝绳被架设到塔架上之前，它们先会穿过一个大管子，这个管子叫喇叭套筒。

现在，工人在靠近塔架顶端的地方将一部紧缆机套到主缆上，随着紧缆机缓慢地顺着主缆向下移动，紧缆机上的一圈活塞将主缆的钢丝绳挤压到一起。紧缆机作业完成后，单股钢丝绳就被压成了一条坚固的筒形钢缆，直径超过 1 米。

主缆套筒

锚碇
（还未被墙和顶部隐藏）

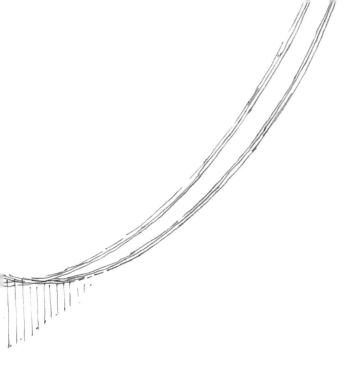

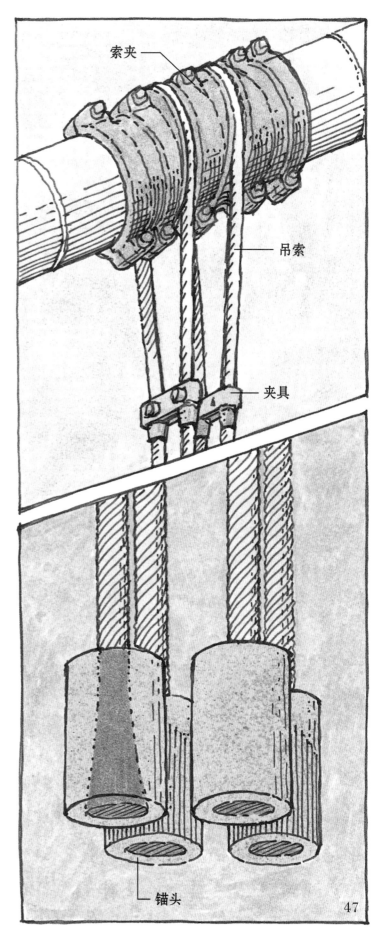

索夹

吊索

夹具

锚头

完成紧缆的主缆上每隔 15 米安装一个索夹，然后从索夹上垂下吊索，每条吊索平均直径达 5 厘米。这些钢制吊索用于支撑桥面，每条吊索被预先切割成特定长度，以保证竣工后的桥面标高和弧度都是完全准确的。

吊索的末端是一个 7.6 米长的锚头，锚杯只是简单地罩在锚头上，并没有通过螺栓连接或者焊接。每个锚头都通过加劲梁和桥面对侧的锚头相连。加劲梁支撑着的较小的梁被称作"纵梁"，桥面由纵梁支撑，桥面和吊索之间唯一连接就是锚头。

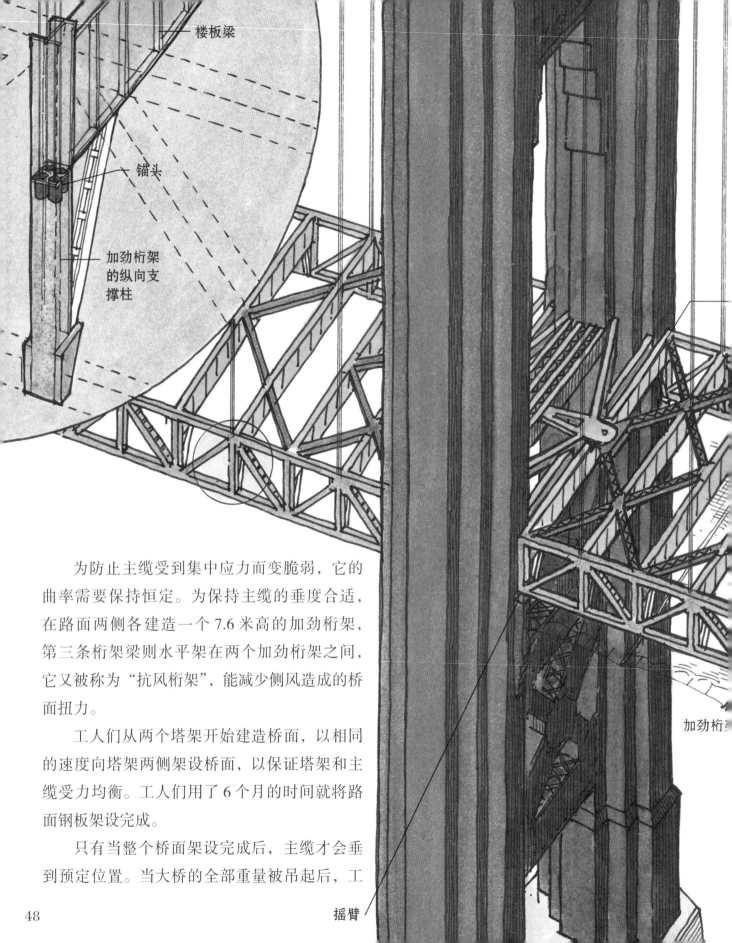

楼板梁

锚头

加劲桁架
的纵向支
撑柱

加劲桁架

　　为防止主缆受到集中应力而变脆弱，它的
曲率需要保持恒定。为保持主缆的垂度合适，
在路面两侧各建造一个 7.6 米高的加劲桁架，
第三条桁架梁则水平架在两个加劲桁架之间，
它又被称为"抗风桁架"，能减少侧风造成的桥
面扭力。

　　工人们从两个塔架开始建造桥面，以相同
的速度向塔架两侧架设桥面，以保证塔架和主
缆受力均衡。工人们用了 6 个月的时间就将路
面钢板架设完成。

　　只有当整个桥面架设完成后，主缆才会垂
到预定位置。当大桥的全部重量被吊起后，工

摇臂

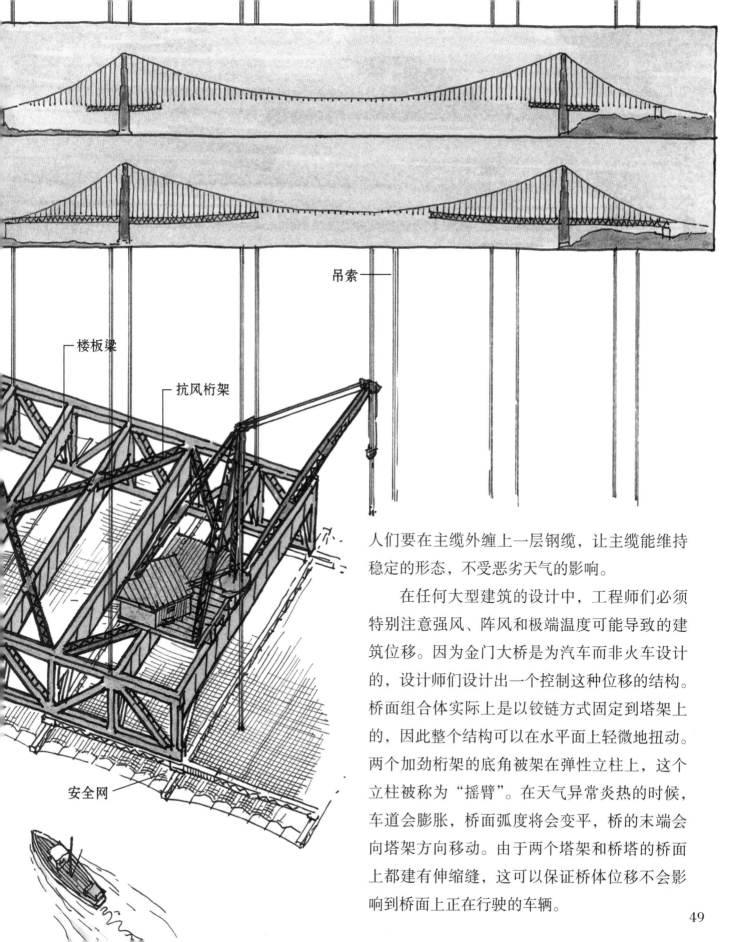

吊索

楼板梁

抗风桁架

安全网

人们要在主缆外缠上一层钢缆，让主缆能维持稳定的形态，不受恶劣天气的影响。

在任何大型建筑的设计中，工程师们必须特别注意强风、阵风和极端温度可能导致的建筑位移。因为金门大桥是为汽车而非火车设计的，设计师们设计出一个控制这种位移的结构。桥面组合体实际上是以铰链方式固定到塔架上的，因此整个结构可以在水平面上轻微地扭动。两个加劲桁架的底角被架在弹性立柱上，这个立柱被称为"摇臂"。在天气异常炎热的时候，车道会膨胀，桥面弧度将会变平，桥的末端会向塔架方向移动。由于两个塔架和桥塔的桥面上都建有伸缩缝，这可以保证桥体位移不会影响到桥面上正在行驶的车辆。

49

在那个年代，无论从工程技术还是从建设效率来看，约瑟夫·施特劳斯和克利福德·佩恩建造的金门大桥都堪称杰作。工程建设只用了不到五年的时间。金门大桥也许是世界上最著名的大桥，但它已经称不上世界最长的吊桥了。这个纪录保持者目前属于日本的明石海峡大桥，我把它画在下面，以便和金门大桥进行对比。

今天，不仅吊桥越建越长，工程师们也在探索新的理论和技术。大桥工程造价昂贵，因此工程师们不断寻找更加高效的建筑方法，采

用新的空气动力学的预制桥面正在替代老式的加劲桁架，这既缩短了施工时间，也可降低风力的影响。现在，如果有工具能够把 2414 米长的主缆运送到建筑工地的话，工人们也可以使用预制主缆，以减少空中纺缆的时间。现在吊桥的塔架有的采用混凝土浇筑，这虽然笨重但非常坚固；而有的塔架使用钢材建造，但其用量已经远小于金门大桥的用量。建筑工程师们已不再简单地用厚墙来限制塔架的位移，而是在其内部安装复杂精密的设备来限制它。

诺曼底大桥

法国，翁弗勒尔，1990 年。法国高速公路管理局决定建造一座横跨塞纳河的新桥，跨度达到 853 米，桥身的水面标高是 50 米，这将不会对水上交通造成影响。法国最初计划建造一座吊桥，但对建桥区的地质情况进行考察后，他们放弃了这一方案，因为施工区没有可以固定锚碇的硬质岩层，锚碇只能靠自重发挥固定作用，这将耗用大量建材，导致整座大桥工程造价过高。最终选择的是一个不需要建造锚碇的大桥设计方案，我们称之为"斜拉桥"。在1994 年大桥竣工通车时，诺曼底大桥是当时世界上最长的斜拉桥。

斜拉桥的桥面由多条从一座或多座塔架伸出的斜拉索支撑，这些斜拉索构成了一个或两个平面。与吊桥的主缆不同，斜拉索是直的，锚碇直接建在桥面上。每条斜拉索都和桥面、塔架形成一个三角形。斜拉索处于张力状态，而桥面和塔架处于压力状态。

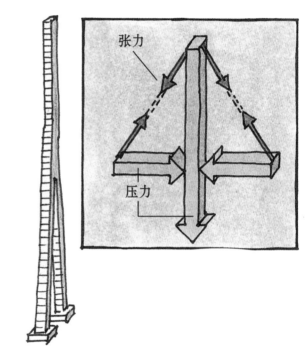

张力

压力

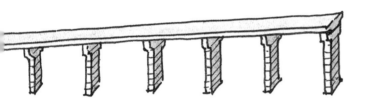

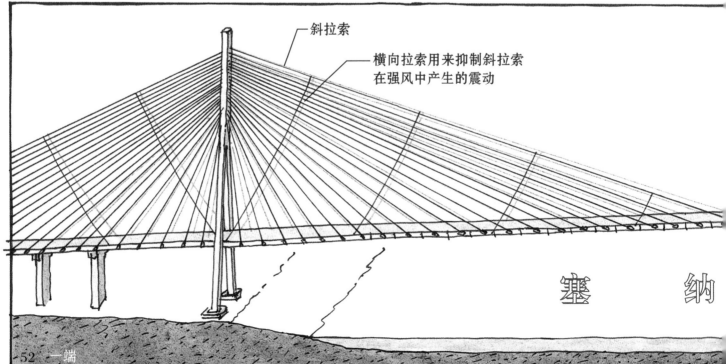

斜拉索

横向拉索用来抑制斜拉索在强风中产生的震动

塞　　　纳

桥基搭建完成后，工人们开始建造两个 21 米高的钢筋混凝土塔架。桥面由预制的车道构件组合而成，边跨部分和最靠近塔架的主跨部分都由混凝土浇筑而成，工人们从塔架的两侧开始，同时搭建悬空的混凝土桥面，以保持平衡。每个新的桥面构件和已建好的构件固定在一起后，两条斜拉索就被连接到桥面车道的两侧。

　　主跨的主体结构是钢制的，这些部件先浮在河面上，然后被吊装到预定的位置。无论是钢结构部分，还是混凝土部分，桥面的横截面基本是一个浅箱结构，这是依据空气动力学原理设计的，它的风阻是最小的。

　　为提高大桥的刚度，从靠近塔架的桥面、两个塔架之间的桥面，以及引道公路都使用混凝土建造，主跨使用钢材建造是因为钢材较轻且足够坚固。

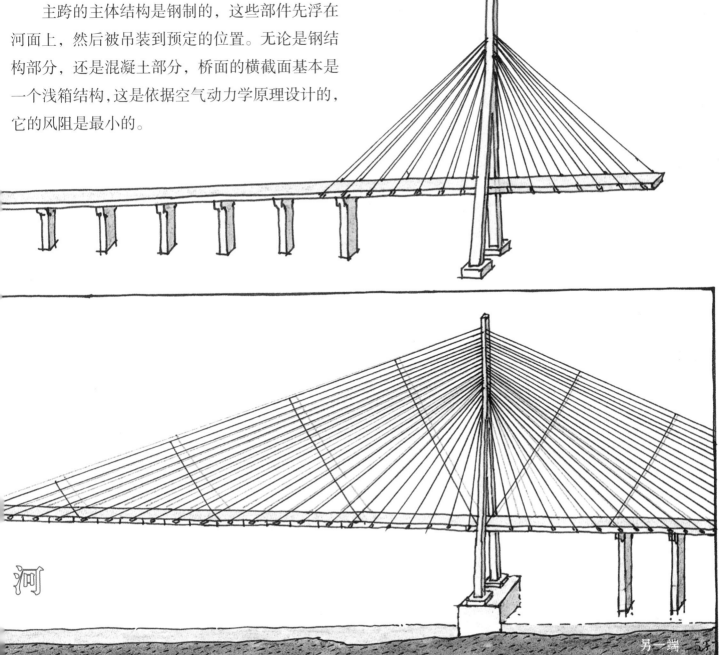

河

双索面斜拉桥

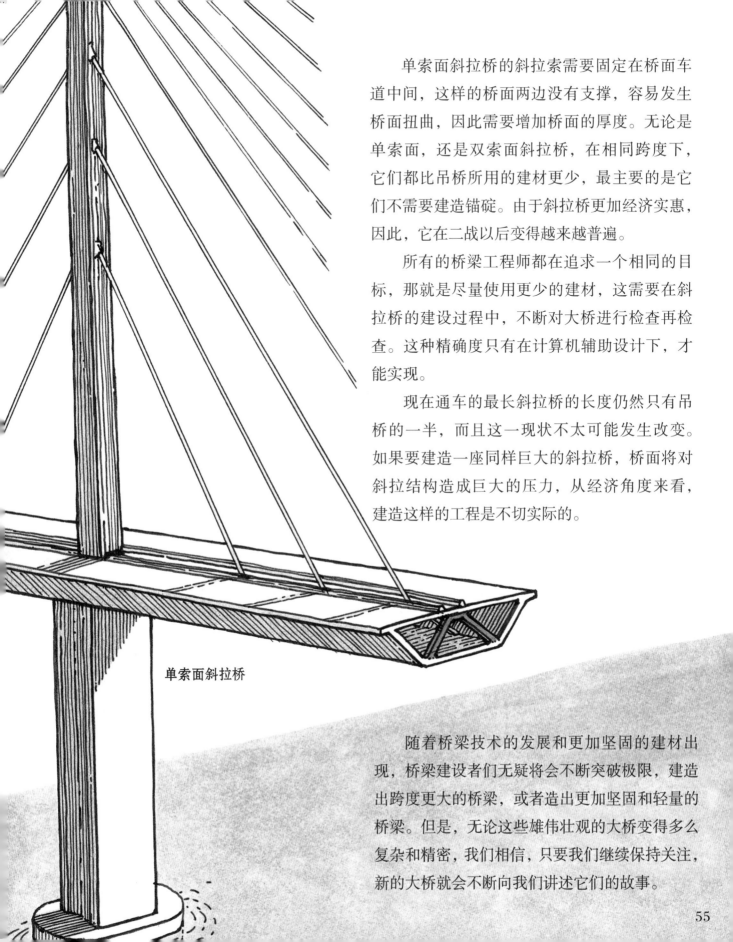

单索面斜拉桥的斜拉索需要固定在桥面车道中间，这样的桥面两边没有支撑，容易发生桥面扭曲，因此需要增加桥面的厚度。无论是单索面，还是双索面斜拉桥，在相同跨度下，它们都比吊桥所用的建材更少，最主要的是它们不需要建造锚碇。由于斜拉桥更加经济实惠，因此，它在二战以后变得越来越普遍。

所有的桥梁工程师都在追求一个相同的目标，那就是尽量使用更少的建材，这需要在斜拉桥的建设过程中，不断对大桥进行检查再检查。这种精确度只有在计算机辅助设计下，才能实现。

现在通车的最长斜拉桥的长度仍然只有吊桥的一半，而且这一现状不太可能发生改变。如果要建造一座同样巨大的斜拉桥，桥面将对斜拉结构造成巨大的压力，从经济角度来看，建造这样的工程是不切实际的。

单索面斜拉桥

随着桥梁技术的发展和更加坚固的建材出现，桥梁建设者们无疑将会不断突破极限，建造出跨度更大的桥梁，或者造出更加坚固和轻量的桥梁。但是，无论这些雄伟壮观的大桥变得多么复杂和精密，我们相信，只要我们继续保持关注，新的大桥就会不断向我们讲述它们的故事。

55

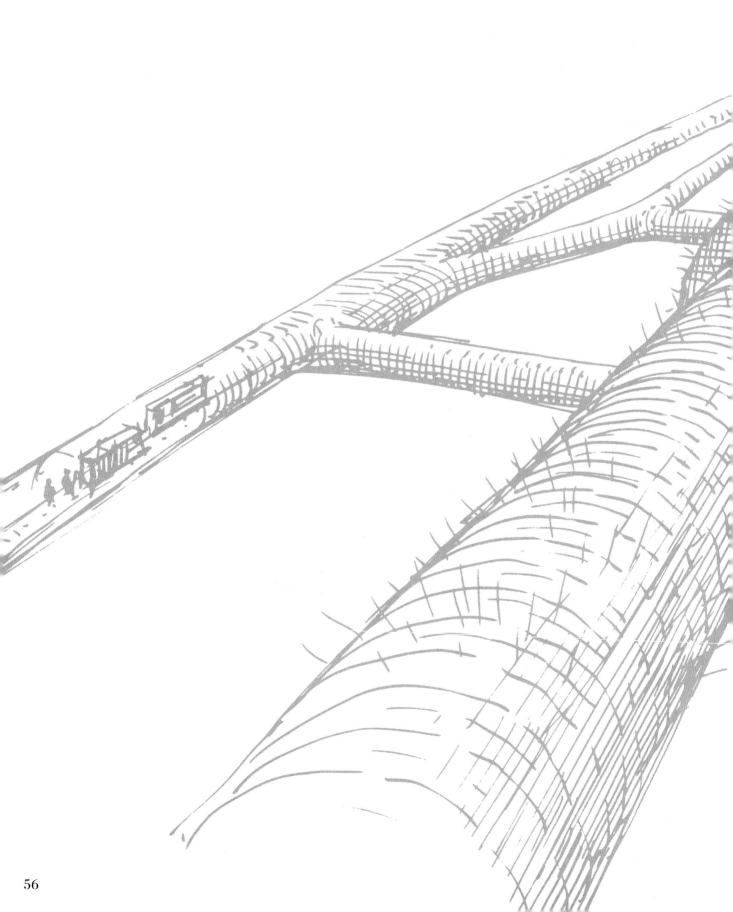

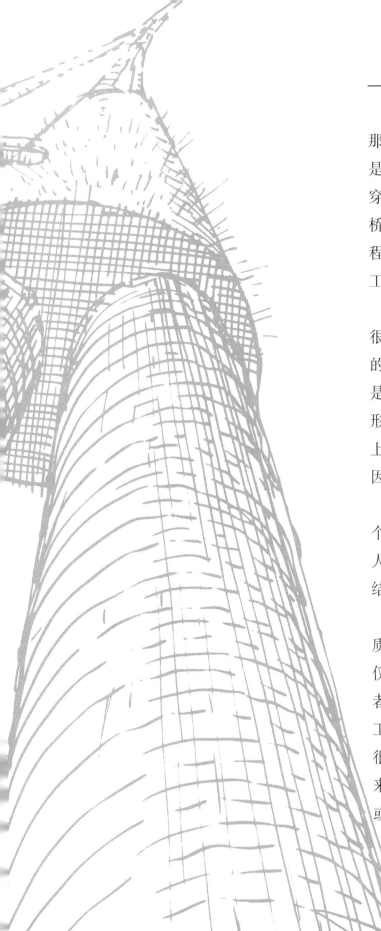

第二章　隧　道

如果说桥梁是工程学上最为直观的建筑，那么隧道就可以称之为最内敛的建筑了。隧道是为人类通行的，这就要求它藏而不露。我们穿越隧道时，很少会注意它的样子。因此，当桥梁、摩天大楼、穹顶，甚至一些大坝都不同程度地扬名世界时，我们只能保守地说，只有工程师会喜欢隧道。

几个世纪以来，人们出于不同的原因建造了很多的隧道，有的是为埋葬做成木乃伊的牛，有的是为运送饮用水，有的是为挖掘盐矿，还有的是为运输货物。但无论何种用途的隧道，它们的形状和结构都非常相似。所有隧道都要承受来自上部的压力，大部分还要承担来自侧面的压力，因此，拱形就成了隧道最理想的建筑结构。

在山体或水下挖掘隧道时，还要承受来自各个方向的压力，包括下部的挤压。在这种情况下，人们会扩大圆拱的部分，让隧道成为接近圆筒的结构。

隧道的挖掘主要取决于当时的建造技术、地质类型和条件，以及最终长度。以下所选案例不仅是为了展示隧道的多样性，也是为了阐释建设者们的决心和创造性，而这些都很难从已经竣工的隧道上显现出来。尽管隧道工程的建设成本很高，但设计和施工兼优的隧道却能永久保存下来，维护费用也相对较低，然而这种杰出而不可或缺的建筑形式却很容易被大家忽视。

两条古老隧道

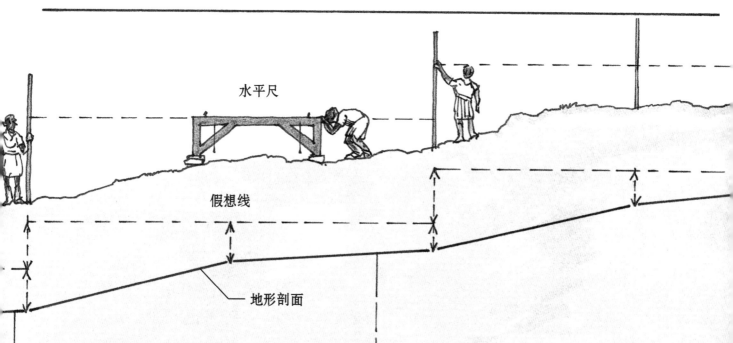

水平尺

假想线

地形剖面

隧道地面水平线

意大利中部，公元 41 年。皇帝克劳迪乌斯一世为了扩大他在富基努斯湖附近的领土面积，下令工程师们将湖水抽干。这需要开挖一条长约 5600 米的穿过软石灰层的隧道。工程师们规划了一条可能的路线，还绘制了路线上的地形剖面图。通过使用一种名为"水平尺"的水准仪、量尺和测量绳，他们将地形转变成了一组精确但并不存在的阶梯。工程师按照固定间隔记录每一层阶梯顶端到地面的距离，将测量出的垂直高度和间隔的水平距离画下来，就形成了隧道及其出入口所在山体的准确外形图。

公元前 6 世纪，在希腊的萨摩斯岛上，也曾有人在类似的条件下建造了一条长 1036 米的引水隧道。或许是为了加快建设速度，这条隧道是从两端开挖的，但不幸的是，两段隧道未能在中间汇合，而是相互偏离了约 4.5 米，因此，工程师不得不用一个 S 形急转弯将它们连接起来。在之后的几个世纪中，为避免这类问题发生，工人们在隧道沿线上修建密集的竖井，如果在挖掘过程中没有碰到竖井，他们就知道偏离了路线。工程师们根据地形图确定每条竖井的深度，竖井可以帮助工程师确定隧道的坡度，这对引水隧道来说格外重要。

在所有隧道工程中，工程师们要考虑的一个重要问题就是自稳时间，即通道竣工后，在没有任何外因情况下能够支撑的时间长度。穿岩隧道的优点之一就是自稳时间长。如果岩石足够坚固而且干燥适度的话，隧道就不需要任何支撑。希腊和罗马的两条隧道就是如此。但并不是说隧道开挖后，岩石一定不会出现意外。

开凿岩石隧道有个最大的工程难题，那就是切割和运输岩石非常困难而且耗时。古代的工人在进行手工开凿隧道时，发明了淬火法。工人在开凿的那块岩石正前方生火，石头被烘烤炙热后再泼冷水。温度骤变会导致岩石开裂，很容易敲碎。但这将导致隧道中的工作环境更为恶劣，烘烤之后，里面非常闷热，工人们还要忍受浓烟、蒸汽和有毒气体的伤害。据历史文献记载，曾经有3万人参与开凿克劳迪乌斯皇帝的隧道工程，时间长达10年以上，但却没有记载有多少工人活到了工程竣工的那一天。

竖井

隧道

59

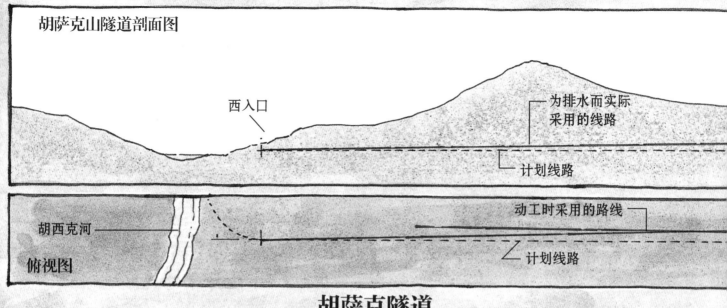

胡萨克山隧道剖面图

西入口

为排水而实际
采用的线路

计划线路

动工时采用的路线

胡西克河

俯视图

计划线路

胡萨克隧道

马萨诸塞州,北亚当斯市,1855 年—1876 年。
1848 年,特洛伊和绿原铁路公司要修建一条连接佛蒙特州、马萨诸塞州和纽约州特洛伊城的铁路。这条铁路最理想的路线需要穿过马萨诸塞州西北部的一片山区,特别是要穿越胡萨克山脉。由于铁轨坡度不能太过陡峭,也不能有急转弯,导致火车在穿行山脉时花费的时间要比在平原上更长。尽管困难重重,但挖掘隧道就成了最佳选择。在之前的运河计划中,就有人提出过修建穿越胡萨克山的输水隧道。铁路公司也倾向于采用穿山隧道的建设方案。

地质学家确认胡萨克山具有统一的山岩结构和绝佳的自稳时间,也没有严重的透水问题,于是,工程师乐观地启动了项目。隧道采用拱形结构以增加稳定性,宽约 6 米,高约 6.4 米,内部架设 7.2 千米长的轨道。工程大约需花费四年半的时间,如果多段同时开挖的话,工期将会缩短。

开始两年,要进行山区的地形调查。当得到精确的剖面图后,建设者们就可以确定隧道两个

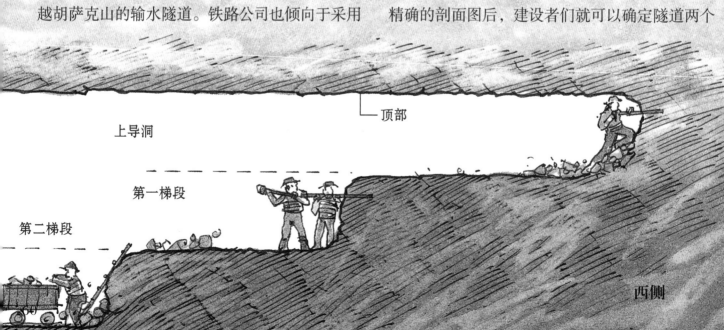

顶部

上导洞

第一梯段

第二梯段

西侧

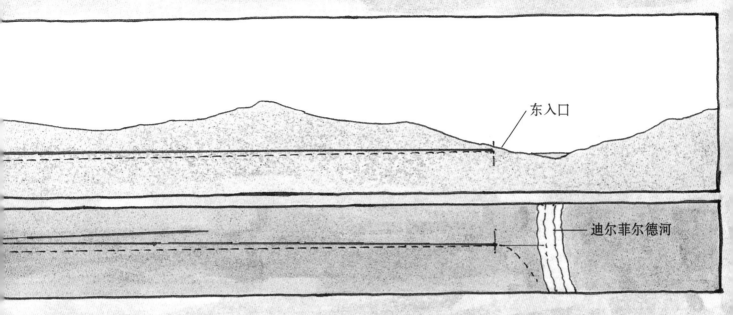

东入口

迪尔菲尔德河

出入口的位置，并在它们之间开挖通路。由于两个出入口差不多在同一水平线上，所以隧道中段会略微提高，以确保排水顺畅。此外，隧道的两端是以接近水平的角度进入山体的，而且不在一条直线上，这样隧道的汇合点只需要用一个平缓的曲面连接就可以了，工程师不需冒任何风险。萨摩斯隧道的S形急转弯或许对水管没有太大影响，但如果是火车通过S形隧道的话，不仅无法保证火车准点，而且还有可能会造成火车脱轨。

　　工程终于开始了，工人们分段开挖。西侧的工人们从隧道顶部开始挖掘。通过先挖掘上导洞，工人们可以知道隧道上部的岩石是否坚固。如果不够坚固的话，就需要先用大型木料支撑。在上导洞挖掘一段距离后，其他工人开始将上导洞下面1.8米的岩层挖走，这被称为"一个梯段"，然后还要再向下挖掘1.8米的岩层，才到铺设铁轨的位置。这种交错的建造方式可以让工人们同时在不同岩层进行开挖作业。

　　东侧的工程承包商决定先挖下导洞，而非上导洞。当挖掘机挖了一定距离后，后面的第二梯队工人开始挖下导洞上面的岩层，这种方法叫"回采法"。

东侧

回采法

下导洞

岩石钻孔

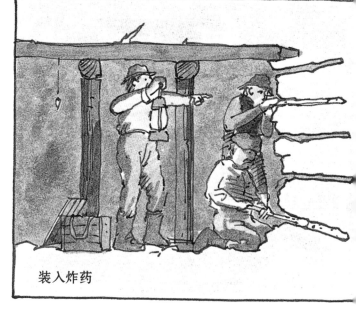

装入炸药

　　和大部分硬岩隧道一样，胡萨克隧道也是采用钻孔爆破法挖掘的。首先，工人们在岩石表面钻 8 到 10 个深 1 米的小洞。这项工作由一个工人用钻子和锤子就可以完成，或由一个小组合力完成，其中一个人手持钻头，其他工人轮流用锤子敲打。

　　无论用哪种方法，手握钻头的工人在每次击打后要略微旋转钻头。在钻好几个小洞之后，工人在洞里填上炸药。然后，所有人尽量远离现场，只剩下点线员。这个人一定是小组里跑得最快的，或是新来的。等烟尘散去，工人们回去打碎岩石，把碎石块当作废料运走，这个过程被称为"清理碎岩"。这个无聊而危险的过程要重复很多遍，直到隧道最终竣工。

跑

爆炸

清理岩石

可移动四轮车上
的空气钻（没画
出轨道）

压缩空气供气管

最终，由于施工过程中的一些重大改变，使得胡萨克隧道真正跃居硬岩隧道工程的领先地位。风钻技术经过完善，取代了老式的手工钻。工人把几个风钻固定在一辆可移动的四轮车上，直接推到岩石墙前面，风钻的压缩空气由隧道两侧入口的蒸汽或水力压缩机提供。工人们用风钻在很短时间内就能够钻出深度是手钻三到四倍的深洞。火药也被新发明的硝酸甘油代替了。硝酸甘油的爆炸威力更强，而且在冷冻状态下运输也相对安全。一种电子引爆系统也投入了应用。工人们还采用中心导洞法——从隧道断面的中心向四周钻孔引爆。

正如之前地质学家所说的，隧道东侧的岩石很坚固，事实上，由于它太坚固了，工人们不得不用几台蒸汽钻孔机来加快进度，遗憾的是，这并没有奏效。

西侧与东侧不同，工人开挖后不久，就挖到了一大块类似土壤的区域，那里的岩石相对松软，容易挖掘。结果，刚挖了一个洞，洞口马上就被这些"泄气的石头"和水填满了。苦苦奋斗了六年之后，施工进度远远落后于工程计划，而且预算也超标了。后来，项目更换了承包商，聘用了新的工程师。为保障之前的投资，马萨诸塞州政府接管了这个项目。

中心导洞法

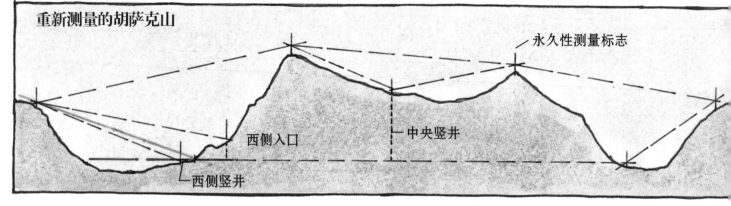

重新测量的胡萨克山

永久性测量标志

西侧入口

中央竖井

西侧竖井

为加快工程进度，新任工程师大胆决定，在同一水平线上，从东西两侧隧道进行挖掘，而不是从不同角度进入山体。首先，他重新测量了整条隧道，决定将隧道延伸到面对入口的山坡上。所有的测量都使用了经纬仪。经纬仪是一种架设在托台上的功能强大的望远镜，可以在水平和垂直方向上进行精确到1度的旋转测量。望远镜下面有一个指南针指示方向，还有许多气泡水平仪帮助仪器保持水平。测量结果出炉后，工程师在隧道路线的关键点上设置了8个永久标志。

真正的挑战是把测量出的路线准确地对应到山体里面。测量者站在隧道入口处，从经纬仪望过去，根据前方的标志和对面山谷的标志，就可以精确地找到隧道的中心线。当两个标志物处于一条直线上时，他简单地将望远镜垂直翻转180度，直直地望进隧道里。隧道里的一个工人拿着一个铅锤——一个吊在绳子上的尖形重物，另外一个工人在他边上拿着提灯，好让测量者看到工人的动作。当铅锤尖部和经纬仪的十字准线处于一条直线时，工人就将铅锤固定在事先敲进隧道顶部的木桩上。工人再深入隧道15米，固定第二个铅锤。这个铅锤依然要不断地移动直到它的锤尖和第一个锤尖完全处于一条直线上。随着隧道向山体深处挖掘，这列铅锤在隧道内不断延伸。

跨山谷的准线

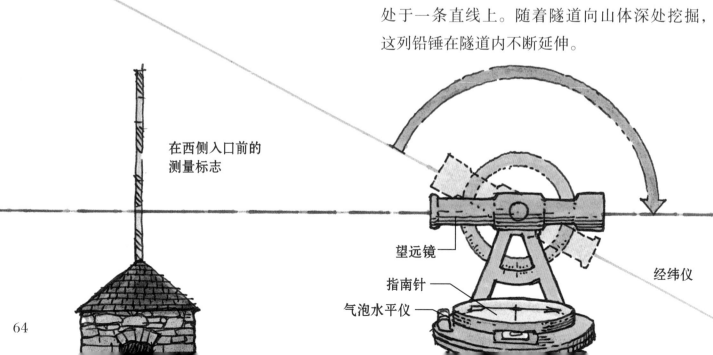

在西侧入口前的测量标志

望远镜

指南针

气泡水平仪

经纬仪

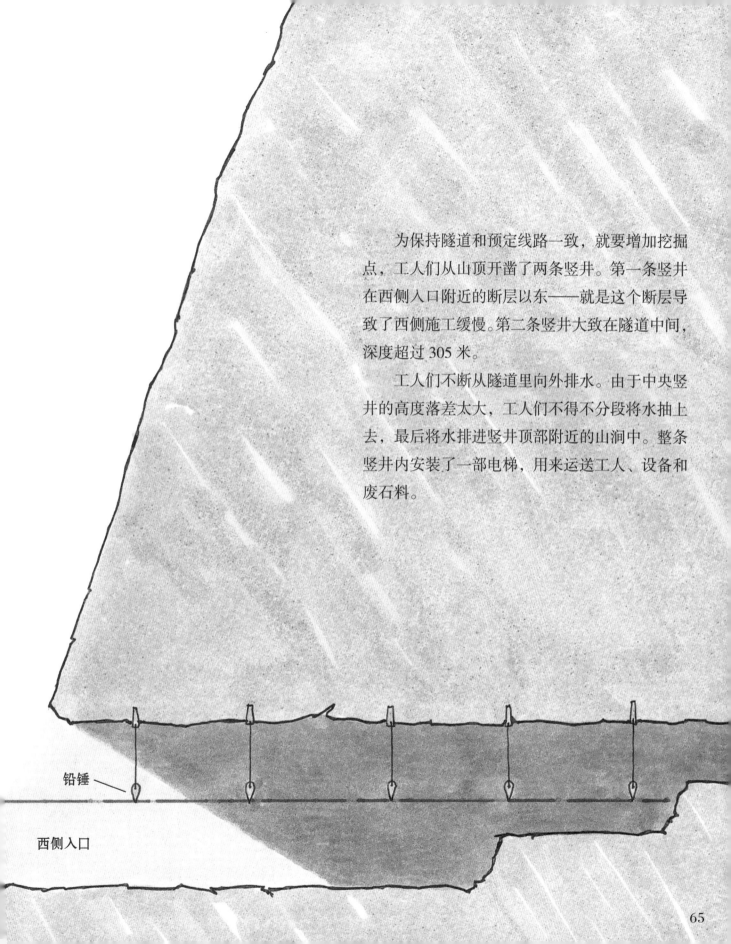

为保持隧道和预定线路一致，就要增加挖掘点，工人们从山顶开凿了两条竖井。第一条竖井在西侧入口附近的断层以东——就是这个断层导致了西侧施工缓慢。第二条竖井大致在隧道中间，深度超过 305 米。

工人们不断从隧道里向外排水。由于中央竖井的高度落差太大，工人们不得不分段将水抽上去，最后将水排进竖井顶部附近的山涧中。整条竖井内安装了一部电梯，用来运送工人、设备和废石料。

铅锤

西侧入口

隧道竣工前还需要建设近 2440 米长的衬砌，主要建在西侧隧道内。衬砌由 5 到 8 层砖组成，建在木制拱架上。衬砌的地基不够坚固，无法使用传统的直立墙，工人必须用仰拱来支撑衬砌的弧形墙，这两者构成了一个圆柱形结构。永久性排水沟是沿着衬砌两侧的岩石挖凿修建而成。

这个项目的最后一项工作是修建隧道入口的石拱外墙。虽然入口的设计还算令人印象深刻，但它并不能向我们展现建造隧道所付出的巨大代价。这条隧道的建设工期长达 21 年，其中有超过 15 年的时间是在进行实际的工程建设，这期间有 200 多名工人牺牲，所用资金是当年预算的 5 倍多。

尽管建造胡萨克隧道的工人们都觉得自己是在水下工作，但实际上，在胡萨克隧道最终开放的那一年，世界上第一条真正的水底隧道已经投入使用 35 年了。

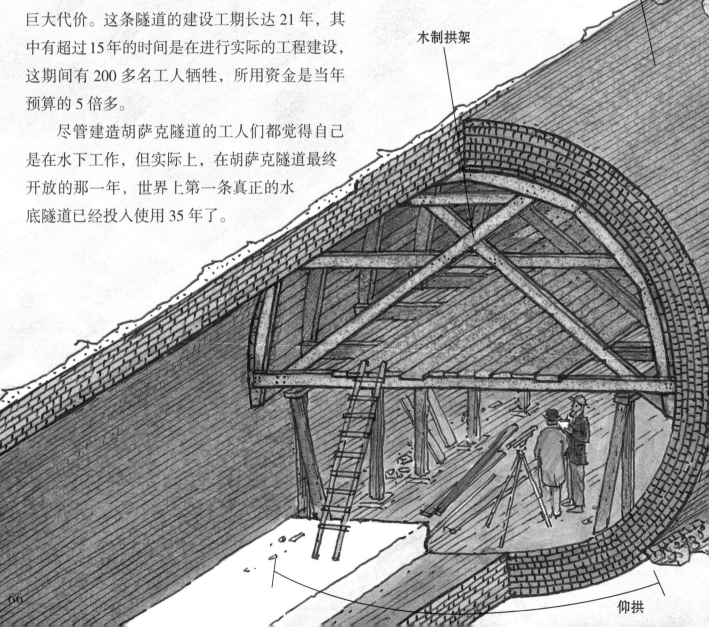

永久性砖造衬砌

木制拱架

仰拱

临时的支撑木

西侧山面

排水管

完工后的东侧入口——它
左边的洞是被一台坏掉的
钻机钻出来的

67

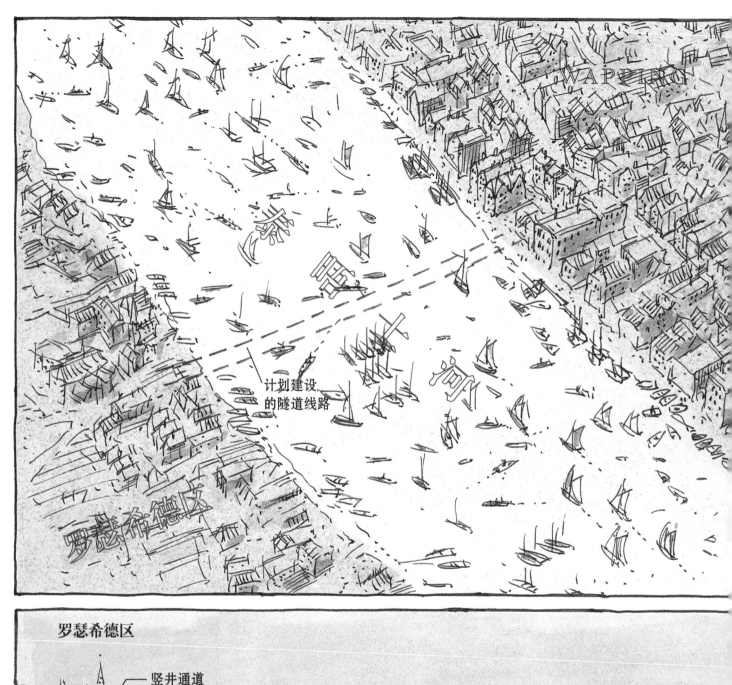

计划建设
的隧道线路

WAPPING

罗瑟希德区

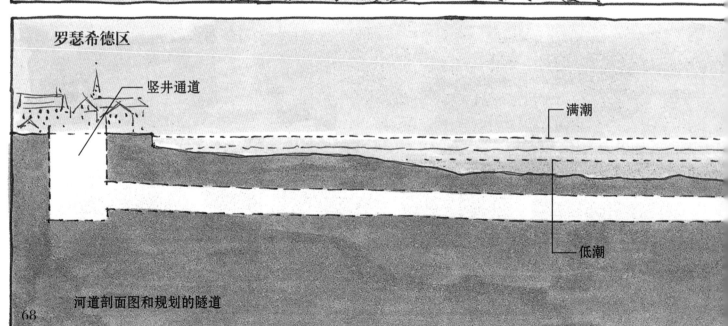

罗瑟希德区

竖井通道

满潮

低潮

河道剖面图和规划的隧道

泰晤士河隧道

英国，伦敦，1825 年。人们越来越希望在罗瑟希德区和瓦平区之间再增加一条通道，在当时新建一座桥梁的想法是很难实现的。这不仅是因为桥梁要为船舶通过留出足够空间，更因为它的建造会让已经拥堵不堪的河道更加狭窄。

一位名叫马克·布律内尔的工程师提出了挖掘一条水底隧道的替代方案。隧道将包含两条车道，每条车道拥有专享的拱形通道，两条通道共用一个砌体。他的提议没有得到公众的支持，因为大概 20 年前，两个康沃尔郡的矿工几乎快要成功地在泰晤士河下打通一条木制衬砌隧道，但由于河床不稳定，工程不得不戛然而止。

但布律内尔坚信，只要方案规划得当，他一定能取得成功。首先，他需要确切地掌握河床下面的地质构造，以选择最佳线路，并确定适当的挖掘方法。他使用了许多台钻孔机，相隔一定距离抽取河床样本。综合这些样本和之前两个隧道工人提供的消息，布律内尔建立了一个精准的横截剖面图。

布律内尔隧道的横截面

在河床下 13 米到 23 米的地方有一层蓝色黏土，它是隧道挖掘最理想的土质材料。它有良好的自稳时间，而且相对较软，利于挖掘，也有一定的防渗水功能。如果这些都能得到确认，而且能把隧道始终保持在黏土层，工程就将顺利进行并取得成功。布律内尔确定了隧道的建设深度为 19 米，最大高度约 6.1 米。工人可以通过建在两岸的竖井进入隧道中，竣工后的隧道约长 366 米。

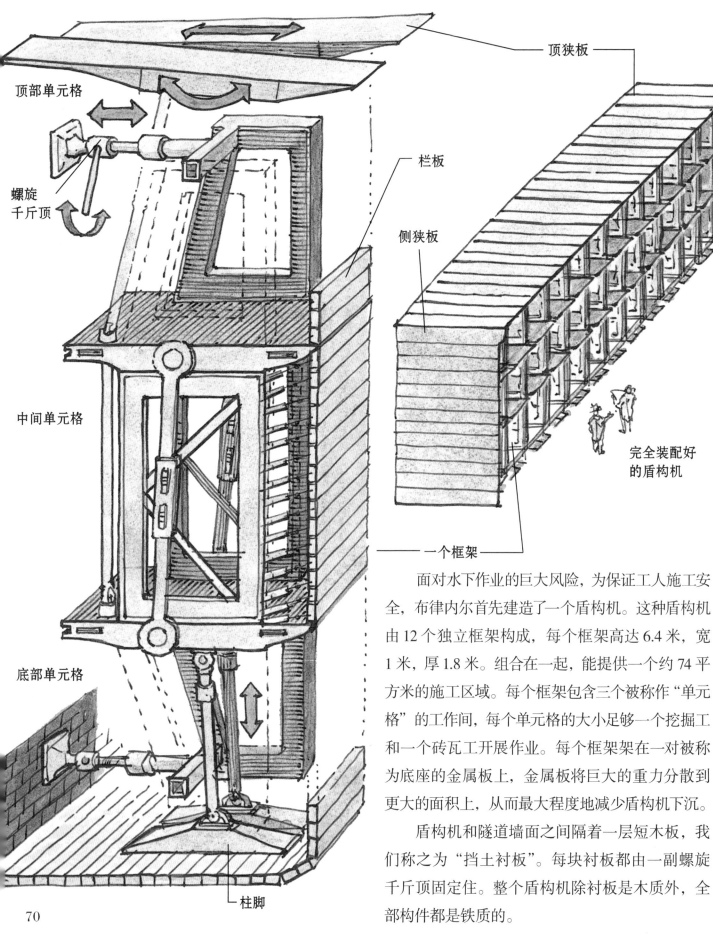

顶部单元格

螺旋
千斤顶

中间单元格

底部单元格

柱脚

顶狭板

栏板

侧狭板

完全装配好
的盾构机

一个框架

面对水下作业的巨大风险，为保证工人施工安全，布律内尔首先建造了一个盾构机。这种盾构机由 12 个独立框架构成，每个框架高达 6.4 米，宽 1 米，厚 1.8 米。组合在一起，能提供一个约 74 平方米的施工区域。每个框架包含三个被称作"单元格"的工作间，每个单元格的大小足够一个挖掘工和一个砖瓦工开展作业。每个框架架在一对被称为底座的金属板上，金属板将巨大的重力分散到更大的面积上，从而最大程度地减少盾构机下沉。

盾构机和隧道墙面之间隔着一层短木板，我们称之为"挡土衬板"。每块衬板都由一副螺旋千斤顶固定住。整个盾构机除衬板是木质外，全部构件都是铁质的。

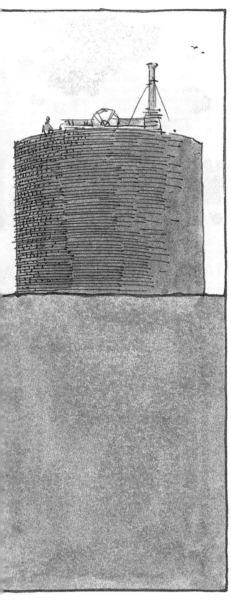

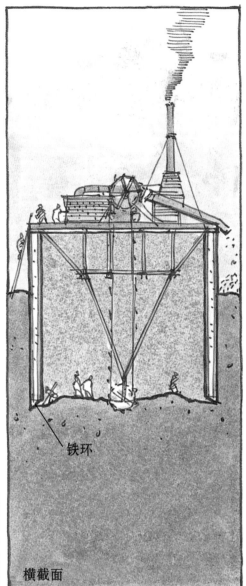

铁环

横截面

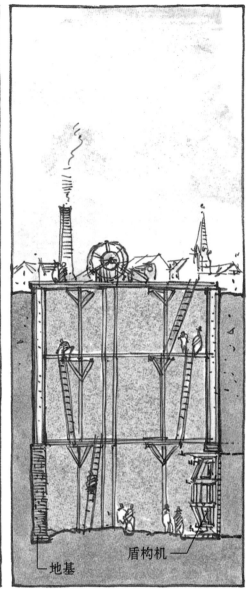

盾构机

地基

沉降式修建罗瑟希德竖井

为把盾构机运到地下 19 米的施工点，布律内尔先在罗瑟希德建造了一条竖井，隧道将从这里开始挖掘。他先在地面上建好衬砌，就像一个巨大的环形烟囱那样，有 13 米高，直径达 15 米。整个衬砌由一个铁环及两层同心圆结构的砖墙组成。两层砖墙之间的空间间隔是 0.9 米，需要用铁棒加固后，填充碎石和水泥。最后还要在砖墙顶部再安装一个铁环，装上一层木质上盖结构，用来支撑蒸汽发动机。

当工人们向下挖掘竖井的时候，这个重达上千吨的衬砌会在自重作用下不断下沉。蒸汽发动机不断地从地下运出一筐筐泥土，抽出渗水。经过不到三个月的时间，衬砌最上面的铁环就已经完全沉入地下了。这时工人们开始小心地挖掘底部铁环下面 6 米处的土层，好让砖瓦工们能够建造一个永久性的坚固地基。他们开拓出一个 11 米宽的开阔区域，盾构机将在这里开始漫长的掘进工作。

　　隧道挖掘是这样进行的：每个单元格中的挖掘工人将螺旋千斤顶松开，移开一块挡土衬板，挖掉约 10 厘米的黏土，然后立刻将挡土衬板归位，并用千斤顶顶住。挖掘工人不断重复这一过程，直到每个单元格对着的面积全部挖掘完毕。当 74 平方米的黏土壁面都被挖掘完毕后，盾构机就向前移动。

　　其实这一挖掘过程相当复杂，一次只能在一个框架内进行。首先，保护盾构机的狭板被千斤顶顶在黏土层壁面上，工人们必须调整每一块狭板的倾斜度，保证盾构机不会偏离预定的线路。其次，支撑框架前面的挡土衬板的千斤顶顶端容易被推离附属的框架，滑到相邻的框架中。框架柱脚可以略微提升一些，从而将它的部分重量转移到相邻框架上。最后，强大的千斤顶顶在框架后面的砖造衬砌上，将整个框架慢慢向前推动。当前面的框架向前移动后，工人们重复同样的操作移动后面的框架。这项工作极为繁琐，如果运气好的话，布律内尔希望一天能向前推进 1 米左右。

运气好的日子并不多。工人们还是用了9年时间来挖掘这条长366米的水底隧道。之前从钻探样本得到的黏土的深度信息是错误的。工人们遇到了没有任何稳定性的沙石区，隧道内多次发生透水事故。（其中一次透水事故是在挖掘到河道中间时发生的，情况非常严重，盾构机必须用砖块堵住，工程为此停工长达7年。）施工期间还曾因沼气爆炸造成隧道火灾。陈旧的污水道散发出的污浊气体也让工人们频频生病。

无论如何，马克·布律内尔还是出人意料地成功了。当第二条竖井成功沉降并最终与盾构机会合时，证明了河流不再是建设隧道的阻碍。其实，第二条竖井1840年才开始建造，那时工程师们已经确信，隧道一定会修建成功。

尽管现在看来，布律内尔的盾构机颇像电影《星球大战》中的机器人。它们互相倚靠着，摇摇摆摆地在淤泥中缓慢前进。然而正是它们完成了这一水下工程。在1835年工程重新启动的时候，经过布律内尔改装的盾构机变得更加高效。布律内尔是个有远见的人，他的隧道建造得十分出色，现在仍然是伦敦地铁交通系统的组成部分。

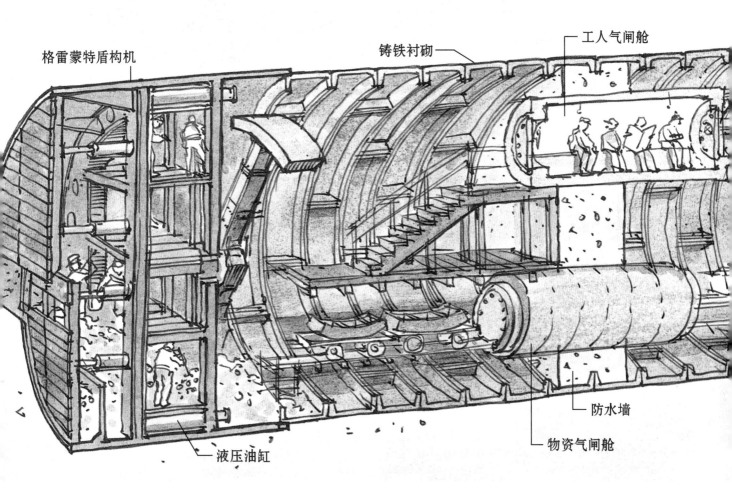

格雷蒙特盾构机　　　　　　　　　　　铸铁衬砌　　　工人气闸舱

液压油缸　　　　　　　　　　　　防水墙

物资气闸舱

　　在第一条泰晤士河隧道竣工后30年，工程师彼得·巴洛和詹姆斯·亨利·格雷蒙特使用结构更紧凑的改良版盾构机，在泰晤士河下游挖掘了第二条人行隧道。他们的盾构机不是盒子式的，而像个罐头。它后面形成一条直径约2.4米的隧道，隧道的衬砌由弧形铸铁元件组成，这些弧形元件之间用螺栓固定，形成一道道圆环。和布律内尔盾构机相同的是，这台盾构机也是用千斤顶顶住环形衬砌向前移动的。整个工程只用了不到1年时间就完成了。

　　随着伦敦城市人口增加，地面变得越来越拥挤，交通系统，特别是铁路系统被迫开发地下空间。格雷蒙特继续对隧道盾构机进行改造（现在已经用他的名字命名这种隧道盾构机了），

对隧道挖掘方法也进行了改进。他的盾构机直径约6米，坚固无比。盾构机的前进不再依靠螺旋千斤顶，而是改用液压油缸推动。盾构机后部通常建有一堵厚墙或是一堵防水墙，上面嵌有气闸舱，可以对挖掘区域加压，将水排出去。格雷蒙特甚至还提出了一种给衬砌外空隙灌注混凝土的方法。

　　后来的100多年里，布律内尔和格雷蒙特的盾构技术可以应用在我们能够想象到的任何地方挖掘隧道。它们穿越了各种柔软和渗水岩层，建造了世界上第一个、也是迄今为止最忙碌的地铁系统——伦敦地铁，并且恰如其分地以"管道（the tube）"命名，这已经为很多人所熟知。

霍兰隧道

纽约—新泽西，1920 年—1927 年。尽管充满蒸汽和烟尘的伦敦地铁从一开始就很受民众欢迎，但直到更清洁的电力机车出现，伦敦地铁的潜力才被完全释放出来。工程师克里夫·霍兰要在哈德逊河下面挖掘一条长达 2414 米的汽车隧道，他面临的首要问题就是如何排出隧道内的废气，防止司机们在以时速 60 千米行驶的时候不会被熏晕过去。

霍兰最终选定的设计方案是修建两条相隔 15 米的独立隧道，穿越淤泥河床。方案确定后，施工机械也就确定为可增压的格雷蒙特盾构机。

该盾构机非常庞大，直径达 9.1 米，并且装备了机械起重臂，用来安装衬砌上的铸铁片。这条隧道在技术上的真正突破是成功地开发了一套通风系统，这在隧道施工中是史无前例的。

霍兰的解决方法是将每条通道水平分为三层：一层用于交通工具行驶，另外两层气道用于空气流通。在哈德逊河两岸，工人们修建了两座巨大的通风塔，塔内装有 84 台通风扇。其中 42 台送风扇将干净的空气输送到隧道下层，让空气通过行车道边的通风槽进入行车区域。另外 42 台排风扇将车道中的废气抽出，废气经由隧道顶部的通风口进入到上层气道，并最终进入通风塔，排放到大气中。当交通高峰来临时，隧道内每隔 90 秒就会换气一次。

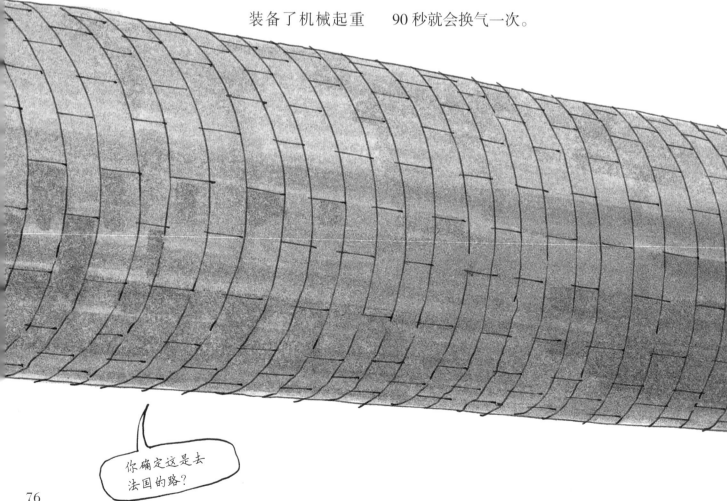

你确定这是去法国的路？

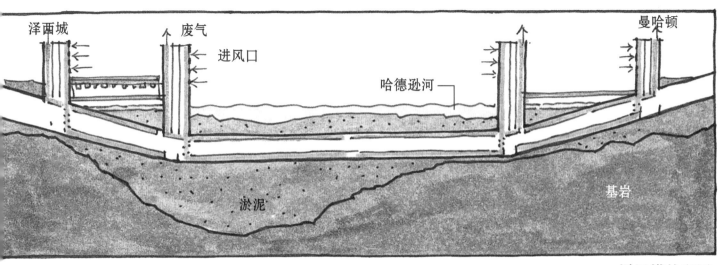

泽西城　　　废气　　　　　　　　　　　　　　　　曼哈顿

进风口

哈德逊河

基岩

淤泥

通风塔的配置

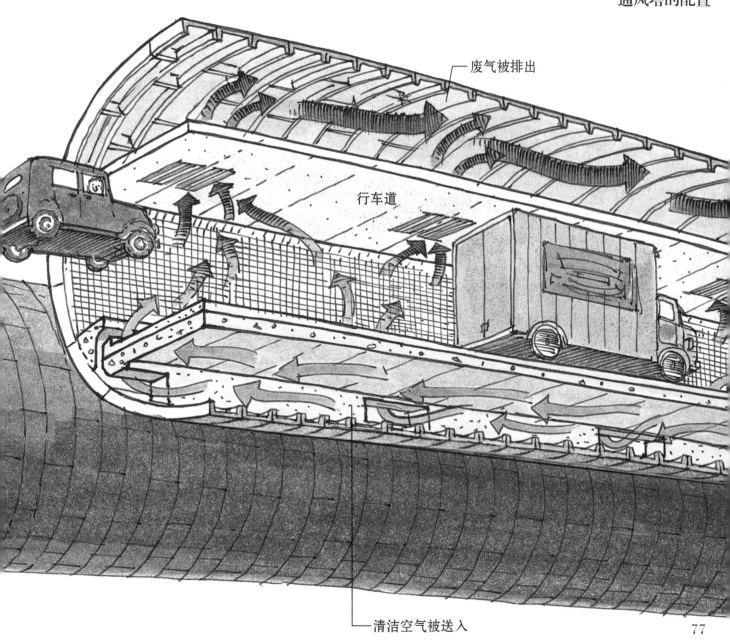

废气被排出

行车道

清洁空气被送入

77

英吉利海峡隧道

英吉利海峡（法语：拉芒什海峡），1987 年—1994 年。 历经了几个世纪的不信任和军事对峙后，法国人和英国人最终因为厌恶晕船而决定联合起来。横亘在英法之间的海峡经常波涛汹涌，这让乘船横渡海峡变得非常惊险。英国坚持认为，出于安全因素的考虑，要保留这个护城河一样的海峡隔离带，因此，人们不得不借助飞机或船舶来跨越这片世界上最繁忙的海域。随着英国和欧盟在政治和金融上结盟，英法这两个老对头也需要相互搭建有形的连接通道了。工程师们提交了很多建筑构想，包括隧道、桥梁，还有这二者混合的建筑形式。最终，双方决定建设一条海底隧道。

之前为挖掘隧道进行的信息收集为做出这一决策提供了科学依据。在水下，英法两国由一层名为白垩泥灰岩的软岩层连接起来，它是由白垩和粘土混合构成的，不仅适合于挖掘隧道，还具有良好的稳定性和一定的防水功能。地质学家们通过大范围的挖掘试验和复杂的声波探测，将隧道下面的地质状况绘制成一张精确的图纸，帮助工程师们决定隧道的最佳线路。

为了控制隧道中的交通状况，避免 38.6 千米长的隧道中通风设备可能出现的问题，工程师们决定挖掘一条铁路隧道。现在，你无需再开车上渡轮了，只需将车子开到一列特殊的火车上。不管晴天还是下雨，只需要 35 分钟，就可以舒舒服服地从起点站到达终点站，实际花在隧道内的时间只有 26 分钟。

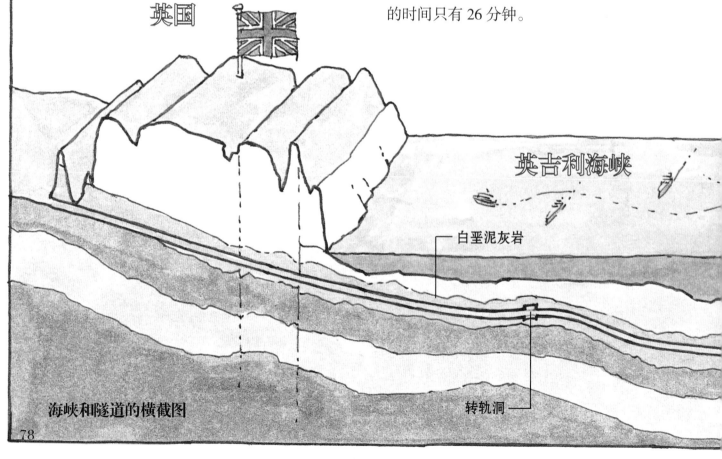

英国

英吉利海峡

白垩泥灰岩

转轨洞

海峡和隧道的横截图

北侧隧道（通向法国）

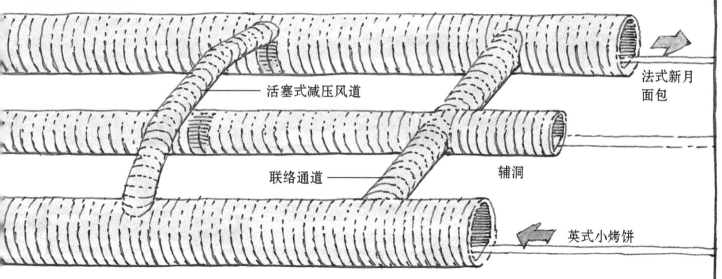

活塞式减压风道

联络通道

辅洞

法式新月面包

英式小烤饼

南侧隧道（通向英国）

　　英吉利海峡隧道实际上由三条隧道组成，在大部分路段，这三条隧道是相互平行的。北侧隧道中，火车从英国驶向法国；南侧隧道中，火车由法国驶向英国。两条隧道中间还建有一条较窄的辅洞，当工人进行定期维护时，能够由此进入还在通车的主隧道，或者在主隧道发生问题时，用作乘客的逃生通道。养护隧道中的气压被人为升高了，这样可以保证在主隧道发生火灾时，燃烧产生的烟尘不会进入到养护隧道。大约每365米就会有一条连通这三条隧道的辅洞。每隔245米，两条主隧道之间也会由一条狭窄的巷道相连，我们称之为"活塞式减压风道"，它可以将高速行驶的列车前方的空气安全地排放到相邻隧道里。

法国

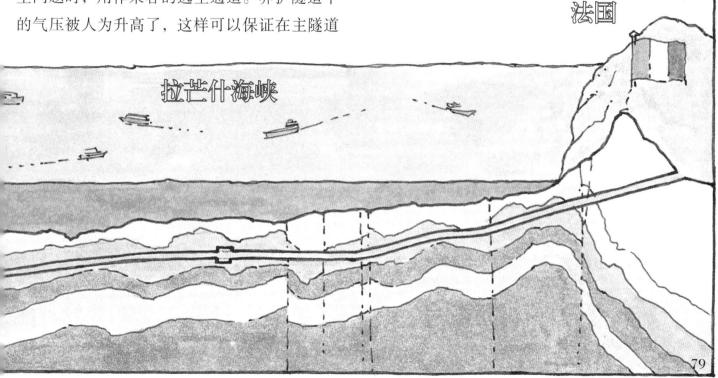

拉芒什海峡

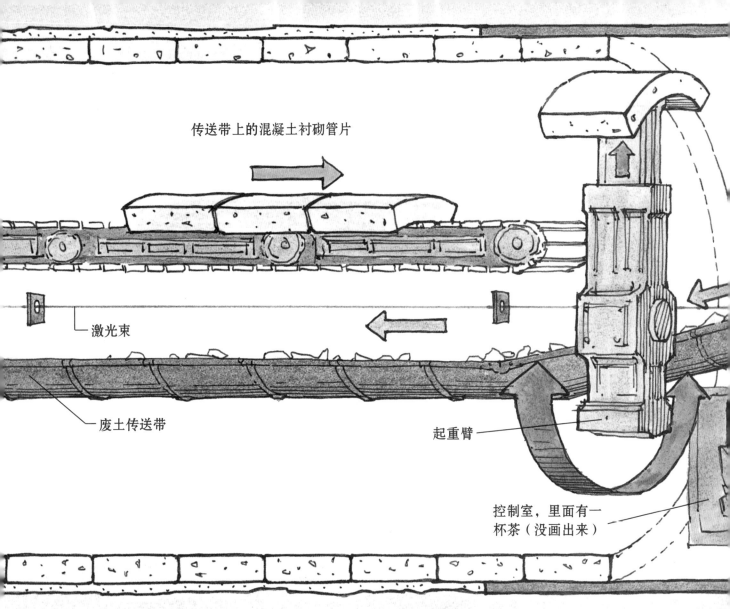

传送带上的混凝土衬砌管片

激光束

废土传送带

起重臂

控制室，里面有一杯茶（没画出来）

工人们在施工中使用了一种特殊设计的隧道掘进机，在挖掘后可以形成一条有衬砌的圆柱形通道。这些掘进机结构非常复杂，头部都装有一个旋转刀盘，这些刀盘被后面的一圈水力夯锤压在岩石上。水力夯锤控制着刀盘的转向。还有一组夯锤将巨大的夹具衬垫挤压向隧道墙面，以便推进时保证前方的岩石表面稳固，让夯锤施力。夹具衬垫后面是控制室。在控制室里，驾驶员能够监控掘进机的运转情况。掘进机上配有激光制导系统，保证掘进机按照预定线路挖掘。掘进机的最后一个部件是起重臂，用于安装隧道衬砌管

片。在掘进机后面的是长约 244 米的工程列车，它将衬砌管片运送到掘进机内，并运走废料，提供新鲜空气、压缩空气、水、电力，以及卫生设施、急救物品和餐饮设备……简言之，提供一切挖掘作业所需要的东西。

掘进机和所有其他设备从海岸附近的竖井运送到地下，随即开始挖掘作业。11 台掘进机组装完成后，6 台开始相向进行挖掘，3 台从英国出发，3 台从法国出发，其余 5 台从海岸向预定的隧道入口挖掘。工人们首先要完成养护隧道的挖掘，为之后主隧道的挖掘做好准备。

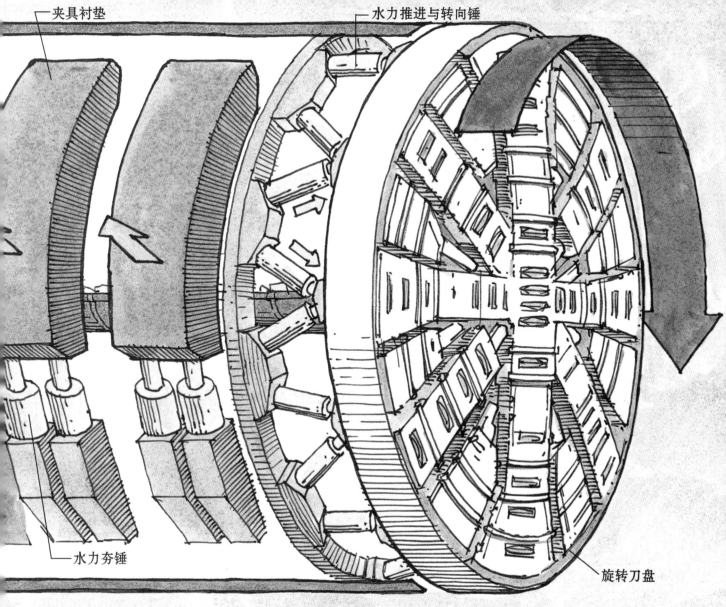

夹具衬垫　　　　　　　　　水力推进与转向锤

水力夯锤

旋转刀盘

　　旋转刀盘最大直径约 9 米，每分钟旋转两到三圈，每个刀盘上装配楔形刀或钢片，有的刀盘会同时装配楔形刀和钢片。刀盘缓慢转动，会在白垩泥灰岩上刻出一圈圈同心圆状的凸起和凹槽。两个凸起部分之间的凹槽足够深时，岩石的自然应力就会导致凸起部分裂开。碎石通过刀盘缝隙掉落到输送带上，然后运送到工程车后部的翻斗车里。

　　即使是采用最先进的技术建造英吉利海峡隧道，工程也不像计划中的那样顺利。开工前所有的探测都表明，掘进机所处的挖掘环境全部是干燥的，所以英国的掘进机就没有设计防水功能。谁知事与愿违，挖掘开始后不久，大量海水便顺着白垩泥灰岩的缝隙灌入隧道，英国这侧的掘进机不得不停止挖掘。为此，工人们花了几个月的时间往裂缝里灌注水泥浆，掘进机上面的空间也被挖掉，用钢板做成衬砌，并喷上一层混凝土喷浆。在这个巨大的"雨伞"完成后，因透水暂停的掘进施工才再次开始。

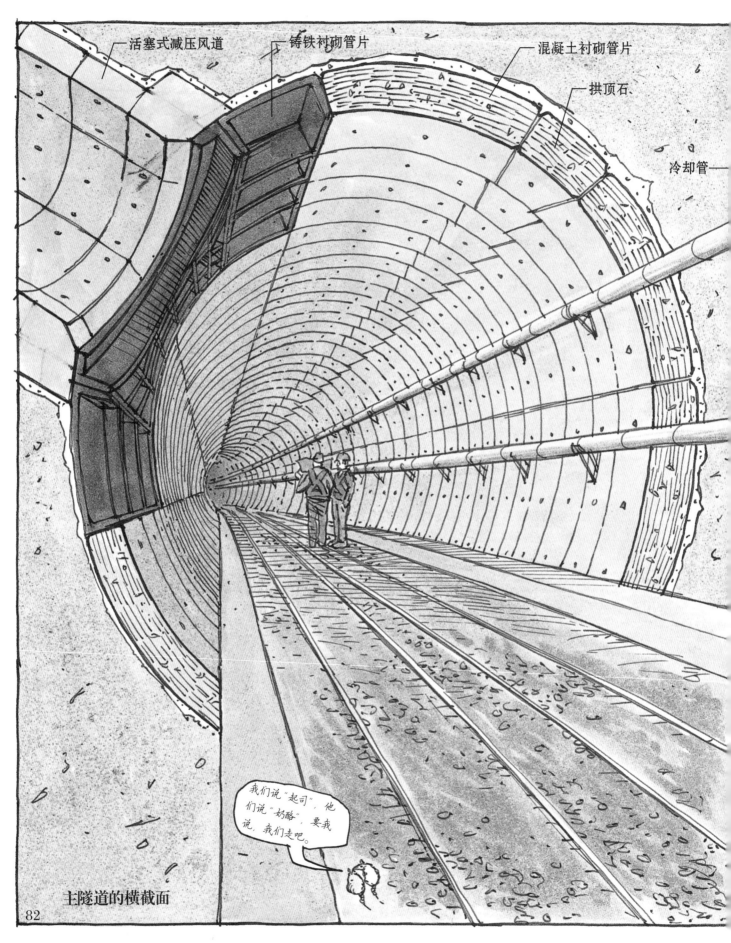

活塞式减压风道　　铸铁衬砌管片　　混凝土衬砌管片

拱顶石

冷却管

主隧道的横截面

82

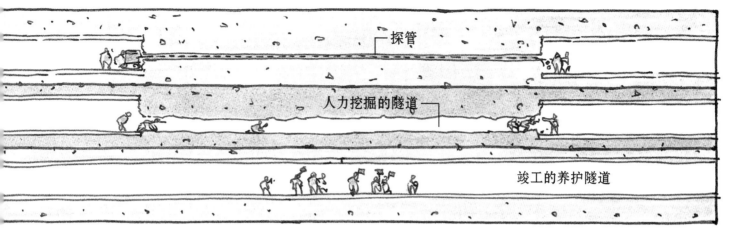

探管

人力挖掘的隧道

竣工的养护隧道

三条隧道都是环形衬砌，每个环形都由弧形管片组成。最后插入环形衬砌的楔形管片比其他管片都小，称为"拱顶石"，这些结构都是拱形大家族的一员。大部分管片是由钢筋混凝土铸造的，但联络通道、活塞式减压风道和主隧道连接部分的衬砌管片都是铸铁制成的。

1990年10月，在辅洞挖掘到91米长时，掘进机停了下来。为保证隧道两边在同一条直线上，英国方面先钻出一条直径5厘米的探管。一旦探管探到了法国方面的隧道内，工人们就人力挖掘出一条引道，然后用小型隧道掘进机将这个引道扩大到隧道应有大小。

6个月后，主隧道贯通了。接下来发生的事情看起来非常具有骑士精神，实际上却只是出于经济方面的考虑。工程师们决定不再花费人

力财力将英国的掘进机拆解后运走，而是让这些掘进机向下自掘坟墓。当所有的辅助设备都卸除后，工人们用混凝土把坑填上，法国的掘进机从上面开过去进入到英国一侧的隧道。

如何运输和处理隧道内的废土，需要提前做好规划。当隧道挖掘到51.5千米的时候，英国人在竖井附近建造了一条巨大的海堤，圈出了几个人工湖。废土从竖井中运上来后倒入人工湖中，湖中的水就被排出来了。当废土变干后，英格兰的面积就变大了。法国人则要处理更多的湿土。他们在海岸边800米的地方建造了一个人工湖，将湿土和水混合注入湖中。湿土变干后，就在上面种草绿化，虽然这没有增加法国的国土面积，但增加了氧气的供应量。

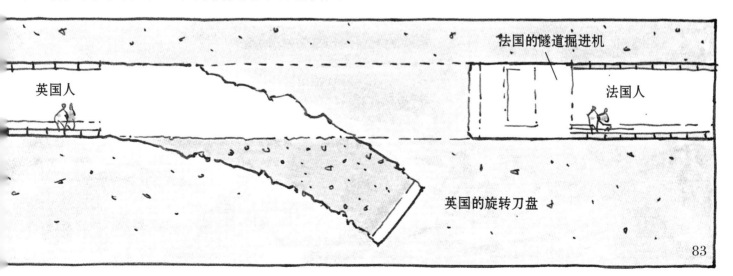

法国的隧道掘进机

英国人

法国人

英国的旋转刀盘

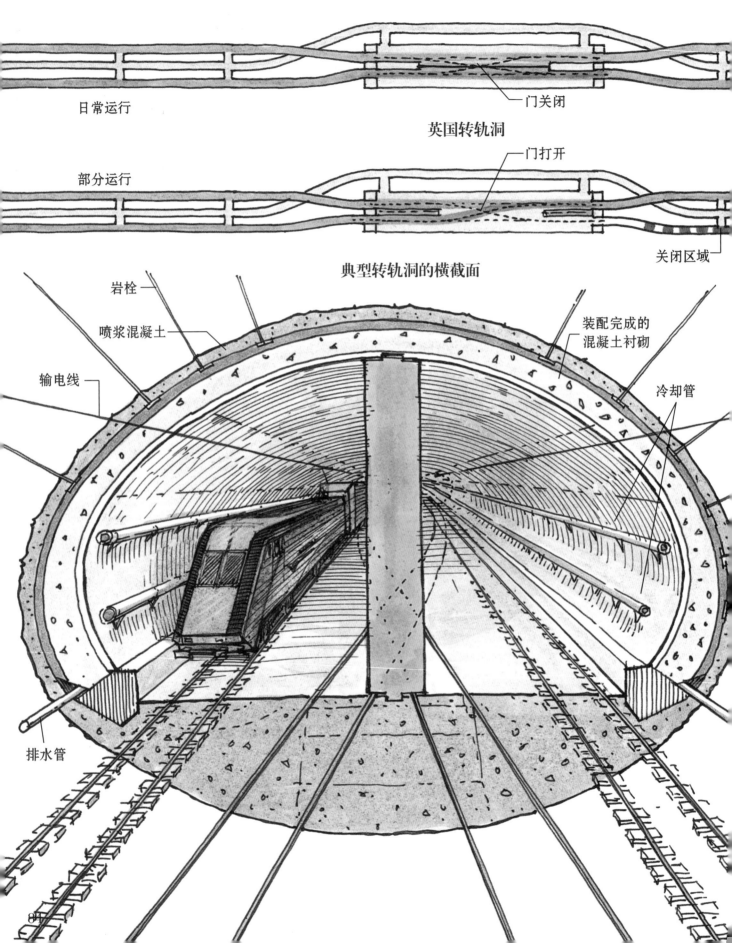

日常运行

门关闭

英国转轨洞

部分运行

门打开

关闭区域

典型转轨洞的横截面

岩栓

喷浆混凝土

装配完成的
混凝土衬砌

输电线

冷却管

排水管

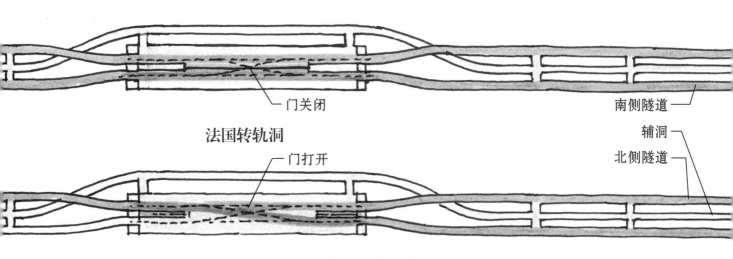

门关闭

南侧隧道

辅洞

北侧隧道

法国转轨洞

门打开

　　为保证整条隧道在局部封闭条件下列车依然能够 24 小时通过，工程师们在隧道的三等分处建造了两个巨大空间，我们称之为"转轨洞"。转轨洞里的铁轨是相互连通的，这样列车可以从一侧隧道转入另一侧隧道，从而绕开被封闭的路段，并在下一个转轨洞重新回到自己原有轨道上，处于等待中的另一方向的列车仍然可以继续安全地向前行驶。当然，这种通过方式会消耗大量时间，但它保证了除极端情况外，英法海底隧道永远不会完全关闭。

　　在转轨洞的挖掘过程中，辅洞是连接转轨洞的唯一通路，用于运输给养和废土。在

衬砌建好之前，每个转轨洞大概有 152 米长，21 米宽，15 米高。

　　转轨洞竣工后，工人在洞内安装上巨大的门，以防止火灾发生时火势蔓延，并保证每条隧道内的空气独立流通。只有在交叉系统启动时，门才会打开。

　　工程在所有隧道打通两年后才彻底竣工。工人们架设了好几千米长的通讯线路，用来接通安全系统、信号系统、照明系统以及排水设备。隧道内还安装了两条大型的冷水管道，以带走高速列车运行时产生的热量。经过反复测试，1993 年底，英法海底隧道全面竣工。1994年 5 月，这条当时史上最贵的隧道建筑工程正式开通运营了。

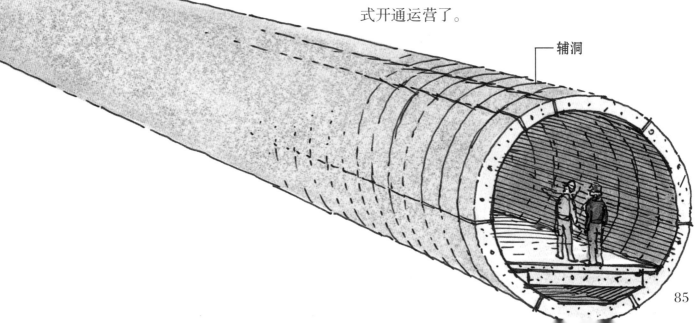

辅洞

泰德·威廉姆斯隧道
预先装配的钢制部件

沟渠

大挖掘

马萨诸塞州，波士顿，1985 年。和现在的许多大都市一样，波士顿曾经一度因为快速发展而陷入交通困境。城市道路经常拥堵到所有的车辆都动弹不得。为改善这一状况，波士顿启动了"波士顿中央干道 / 隧道工程"，历史上被人们称为"大挖掘"。这一工程的主要任务是在原有高架路正下方修建一条地下高速路，在这个交通复杂而又忙碌的地区，要进行这一工程，还必须修建许多条连接道路，需要挖掘几条有趣的隧道。

泰德·威廉姆斯隧道从波士顿港底下穿过，连接波士顿机场和几条主要的高速路。由于海港的水深足够大，工程师们决定不采取深挖隧道的昂贵方案，而是采用沉降管道的设计方案。这条隧道的水下部分由 12 个预先装配好的钢制组件组成，每一对管道直径达 12.2 米，长度约91.4 米。这些组件都是在巴尔的摩制造完成的，然后运送到波士顿进行管道内部的粗混凝土施工作业。其中包含修建道路的支撑构件、空气处理管道的围护结构和内侧完整的衬砌。然后，完成的组件一个接一个被拖到波士顿港，注满水后沉降到一条事先挖掘好的约 15 米深的水底沟渠里。所有组件都沉下去后，工人们将组件内的水抽干，与相邻的部件互相打通。

在距沉降隧道不远的地方，另外三条隧道也开始挖掘。这些隧道也是用预先造好的组件连接而成，虽然不用埋在海港下，但却要从繁忙的铁路线底下穿过。问题是，如何在隧道施工中既不影响火车运行，也不损害轨道路基呢？

工程师们最终采用了顶管推进法，先用高强度千斤顶将管道压入地下，然后移除管道内的废土。这种方法能保证周围土壤的压力固定不变，以便把不均匀沉降控制在最低水平。被称为 D 坡道的隧道是由两个中空的混凝土箱子组成，每个箱体宽 24.4 米，高 9 米，两个箱体总长 45.7 米。

一个比隧道略大的工作坑必须在轨道的一侧挖掘出来。坑内先要修建一圈高高的混凝土围墙。工人们在挖掘浇筑围墙用的沟渠时，会先用浓稠的泥浆填进去，防止工作坑发生垮塌。这样可以保证沟渠里的压力和周围土壤的压力相同。当沟渠达到预定深度，工人们一边将泥浆抽出，一边从底部向沟渠内注入混凝土。等混凝土完全变硬之后，再将围墙内的土挖出。

两条直径 3 米的隧道从轨道下面的地底挖起，然后再向内填充混凝土到大约一半的高度。这两条隧道将作为混凝土箱体向前推进的引导垫道，以避免主隧道滑过两者上面时倾斜。随后，在

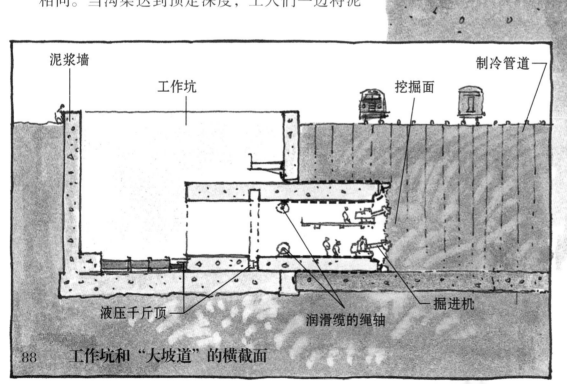

泥浆墙　　工作坑　　　　　　　挖掘面　　　　制冷管道

液压千斤顶　　　润滑缆的绳轴　　掘进机

　工作坑和"大坡道"的横截面

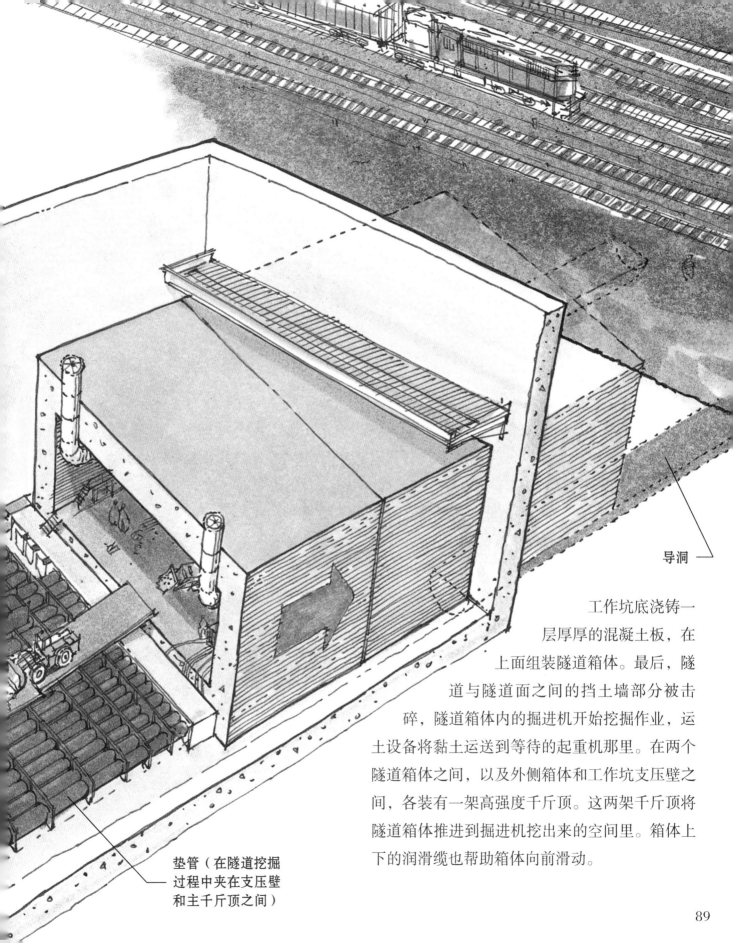

导洞

工作坑底浇铸一层厚厚的混凝土板，在上面组装隧道箱体。最后，隧道与隧道面之间的挡土墙部分被击碎，隧道箱体内的掘进机开始挖掘作业，运土设备将黏土运送到等待的起重机那里。在两个隧道箱体之间，以及外侧箱体和工作坑支压壁之间，各装有一架高强度千斤顶。这两架千斤顶将隧道箱体推进到掘进机挖出来的空间里。箱体上下的润滑缆也帮助箱体向前滑动。

垫管（在隧道挖掘过程中夹在支压壁和主千斤顶之间）

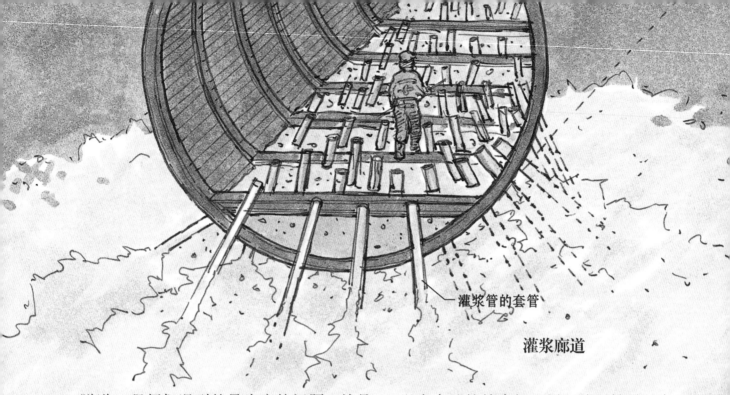

灌浆管的套管

灌浆廊道

隧道工程师们遇到的最头疼的问题，就是隧道预定路线上施工土质的变化。多数情况下，工程师们能够让土壤的性质更统一。被千斤顶压入 D 坡道的黏土层，其实是由沉入上面管道间的管线打入冷冻剂后，先行冷冻起来的。

在波士顿南站地铁线下面修建隧道时，工程师们面对的是四种不同的土质和储量巨大的地下水。他们先要在地铁下面挖出两条平行的隧道，然后在隧道底部按照一定的精确角度钻一组孔，将很多称为套筒的管子塞进孔中。这些套筒用来引导主管道，工人们通过这些管道将一种化学制剂注入到下面的松散土层中，增加土层的稳定性，并控制地下水的渗入。等土层稳固了，工人们开始在这两条灌浆廊道下面挖掘更多的隧道，一条紧接在另一条的正下方。每挖好一条隧道就向其内部灌入混凝土。随后，在这些灌浆隧道之间开始挖掘第三组隧道。这组隧道是水平的，用来放置巨大的混凝土横梁。等这座"地下小屋"搭建完成后，工人们就可

以安全地挖掉中间土层，从而铺设一条四车道的高速路了。

由于隧道工程本身具有不确定性，这一工程也出现了预算超支和工程延期的问题。但同胡萨克隧道一样，"大挖掘"也是一项野心勃勃且影响深远的伟大工程。

我们城市的地上部分已经非常拥堵。100 年前，为解决地上交通压力问题而出现的地铁系统现在也处于满负荷状态，而城市的重要性和吸引力却从未减弱。由于人口增长，随之而来的各方面需求都在不断增加，这些都是城市发展的代价。

为了更好的城市生活，我们不得不挖掘更多的隧道，这些隧道需要穿行于我们赖以生存的像迷宫一样的地下设施系统之间。像英吉利海峡隧道和"大挖掘"那样的复杂工程提醒着我们，工程技术的创造力可以战胜任何新的挑战，我们的唯一问题是成本。我们愿意花多少钱为后代建设一个健康而繁荣的城市呢？

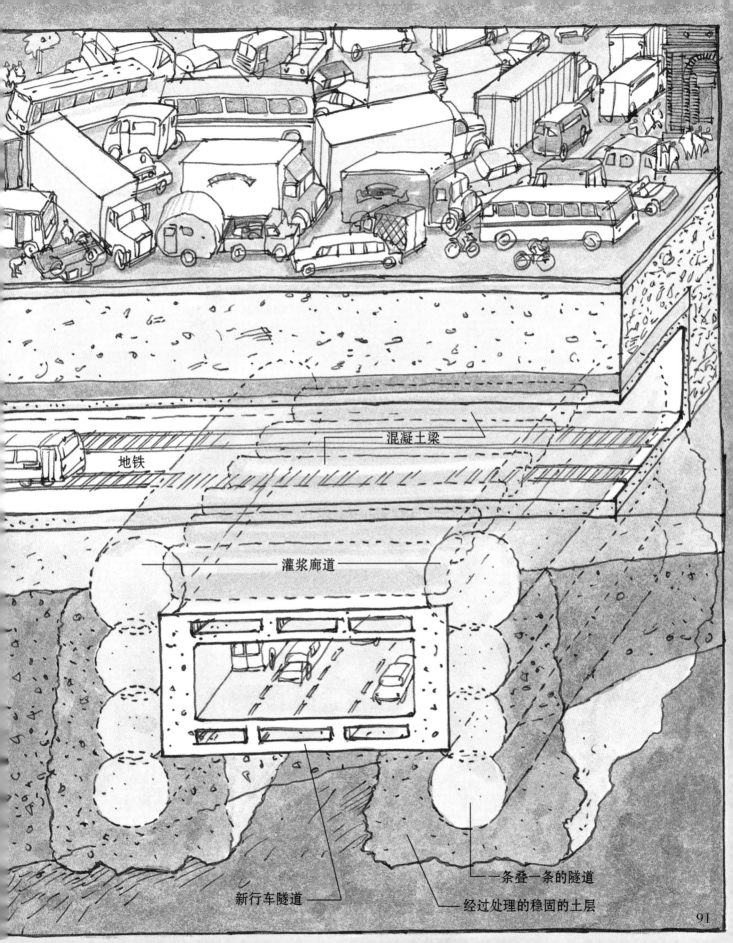

地铁

混凝土梁

灌浆廊道

条叠一条的隧道

新行车隧道

经过处理的稳固的土层

91

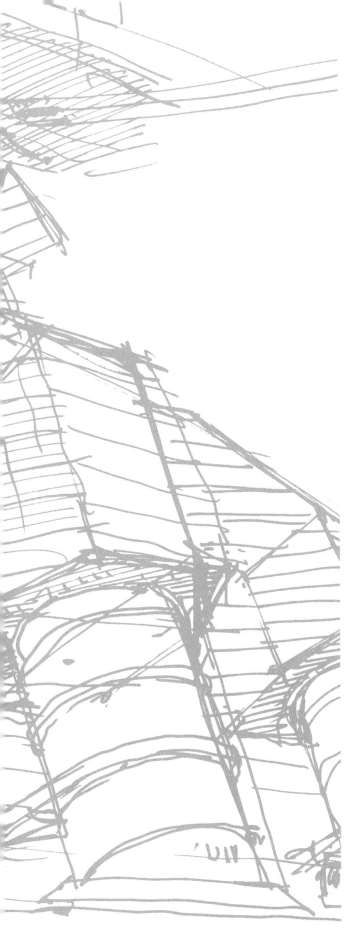

第三章 水 坝

在所有的大型建筑中，水坝给我的感受是最强烈的。尽管最高的水坝还不到最高的摩天大楼的一半，也极少有水坝和最长的大桥一样长，但是水坝看起来往往更加巨大。这或许是因为我们总是在人烟稀少的地方才能看到它们，而在这些地方，又没有什么东西可以跟水坝进行比较吧。或许还因为，它们的外观实在太朴素了，没有那么多降低视觉壮观程度的小零件。又或许因为，不是水坝看起来体积巨大，而是它起的作用让它显得巨大。水坝依靠外观简洁而雄伟的姿态影响着它周边的万物。

无论体积大小，所有的水坝都有两个基础部分：一个是用来阻挡水流的防渗屏障，另一个是将屏障固定在预定位置的坝体结构。在设计水坝时，工程师们要考虑的主要问题有两个：一是水坝的外形和结构，二是建筑材料。本章介绍的四座水坝为我们展示了所有水坝工程中都会遇到的设计和施工问题，同时，它们也将展示，工程师们如何将每座水坝的特殊需求和水坝所在地的环境融合考虑，从而设计出最适合的工程建设方案。

归根结底，水坝的作用就是控制水。通过提升河流的水位来改变河水的流向，来发电、减少洪灾、改善灌溉和航行，甚至能促进娱乐业的发展。但控制水流实际上并没有说起来那么简单，特别是当水量异常洪大时，因为水的天性就是要越过所有的障碍物。

伊塔坝

巴西，圣卡塔琳娜州与南大河州交界处的乌拉圭河，1996年—2000年。这一工程计划建造12座水坝，其中最大的一座将建在乌拉圭河上。工程师们之所以选择乌拉圭河，主要是因为这一地区丰沛的降雨量能保证水坝的深度和蓄水量，而且土壤下面是坚实的岩层。

砌石坝是用混凝土、琢石或砖块建成的坝，而土石坝主要是用岩石、沙岩、土和黏土建成的。如果水坝完全用混凝土建造，工程造价会很高，而伊塔坝的施工地区有取之不尽的健岩，于是工程师们决定建一座土石坝。

如果一堵拦河墙的重量不够大，无法抵御水流对它造成的横向压力，那么这面墙很快就会被河水冲倒。建筑工人们要么把拦河墙建得更厚，要么在墙的前面堆放很多重型建材，以帮助拦河墙抵御河水的冲力。如果我们能够在某个角度支撑住石墙，那么部分水压就会变成向下的压力，这样就能让水坝稳定在原来位置上。

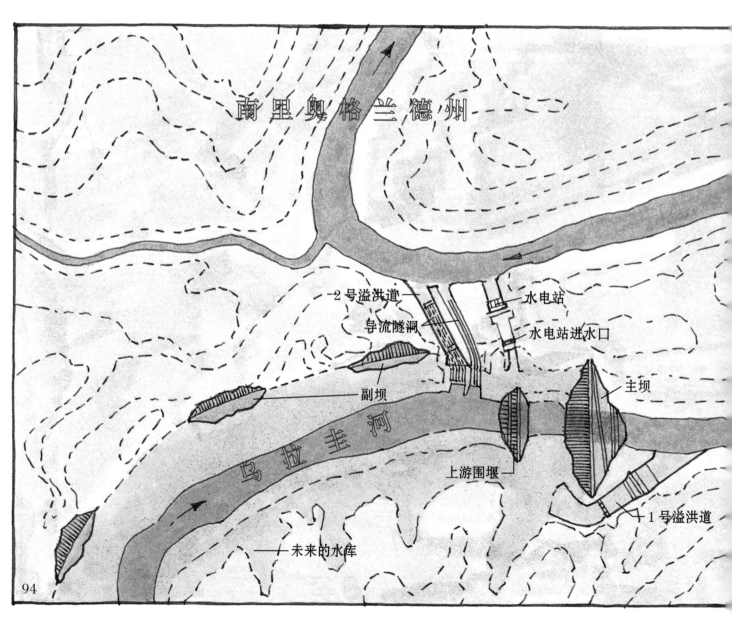

这就是为什么所有土石坝的坝体都很厚的缘故。伊塔坝上还有一层用混凝土做成的防渗层，支撑水坝的大量石头都是人工挖掘和堆砌的，高 122 米，长 805 米。

同很多水坝工程一样，虽然伊塔坝很大，但它只是一项复杂工程其中的一部分。这一工程还需要配套建设两座围堰、三座副坝（用来封住水库预期高度以下的洼地）、两条溢洪道、十条隧道和一座五台机组的水电站。

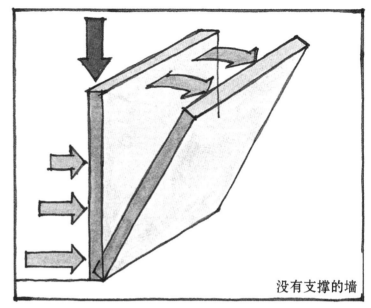

没有支撑的墙

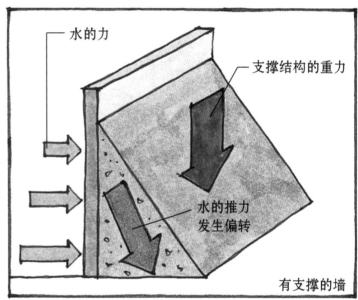

水的力

支撑结构的重力

水的推力
发生偏转

有支撑的墙

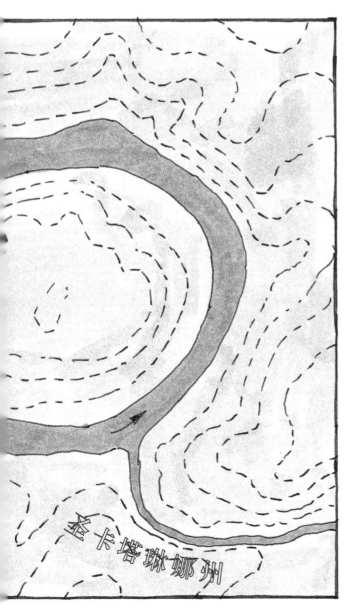

圣卡塔琳娜州

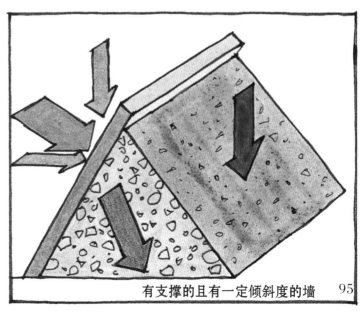

有支撑的且有一定倾斜度的墙

95

装配木模板

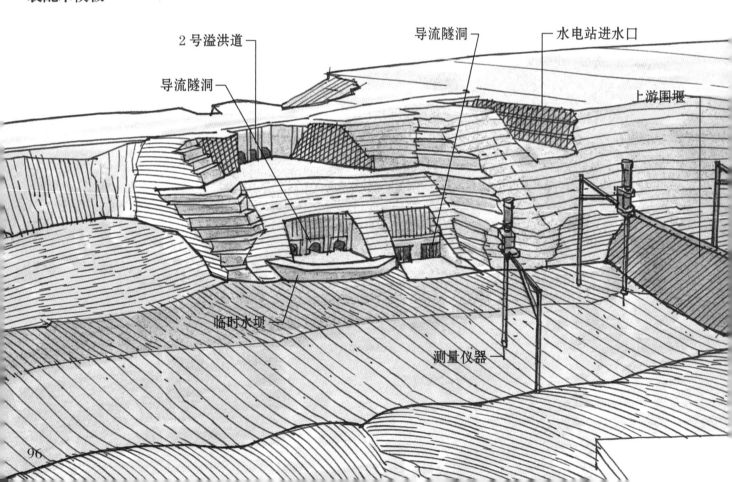

2 号溢洪道

导流隧洞

导流隧洞

水电站进水口

上游围堰

临时水坝

测量仪器

为确定每组结构的尺寸，工程师们制作了一个超大模型，用来研究水流。他们在一座开放式建筑的混凝土地板上绘制出了详细的地图和河道，随后，利用精密经纬仪，沿着河道轮廓线竖立起经过准确测量和切割的木板。最后，将碎石和水泥填进两块模板间的区域，这样，工程师们将整个坝区的地形就复制出来了。

当所有的丘陵和河谷模型都到位后，再逐个加入水坝建筑群。通过往模型里注水，工程师们观察水坝能起到什么样的效果。他们分析各种仪表上的数据，并对水坝设计进行必要的调整。他们将这一过程中得到的所有结果应用到地质报告、工程计算等资料中，以确定最终的工程方案。

主坝

1号溢洪道

汽水

在建造和研究水坝模型的同时，其他准备工作也在推进中。当时，有很多人在水坝上游的岸边经营小农场，还有些人在伊塔城工作和生活。他们将不得不转移到其他地方。到1990年，大多数移民都住进了新伊塔城里的新家，新城的街道是用老城的鹅卵石铺就的，还建设了新的社区中心、一座小型博物馆——里面展出老城照片和纪念品，还有一座新教堂。教堂附近有一片墓地，曾经葬在伊塔城的遗骸现在被小心地搬迁到了这里。人们还修建了564千米长的道路和10座新桥，用于工人通行、运送设备和建材到水坝施工地。当所有准备工作将要完成时，公共资金已消耗贻尽了，整个工程不得不暂停下来。直到1996年，这一工程才重新启动。

在洪流中建造任何建筑物都是艰难而危险的，所以在水坝动工之前，工程师们要将河水分流，绕过水坝的建设地点。由于乌拉圭河的河道在坝区折返，形成一个很大的环形，他们决定在岩石中开凿五条隧道，将大坝上游和下游直接连接起来。工人们在上游建造了一座巨大的围堰，导引河水流入隧道里，并在下游建造第二座围堰，防止河水倒流回工地。在挖掘隧道时清出的坚硬的玄武岩被用来建造两座围堰和部分主坝。三座大坝都是在旱季一层一层地建起来的。虽然工人们已经在河两岸建好了主坝的两端，但要实现主坝合拢，则要等到两座围堰建造完成后，还要抽干围堰内的河水，清理干净河床，找到足够牢固的岩石坝基才能开始施工。

上游围堰闭合

水库的预期水位

上游围堰

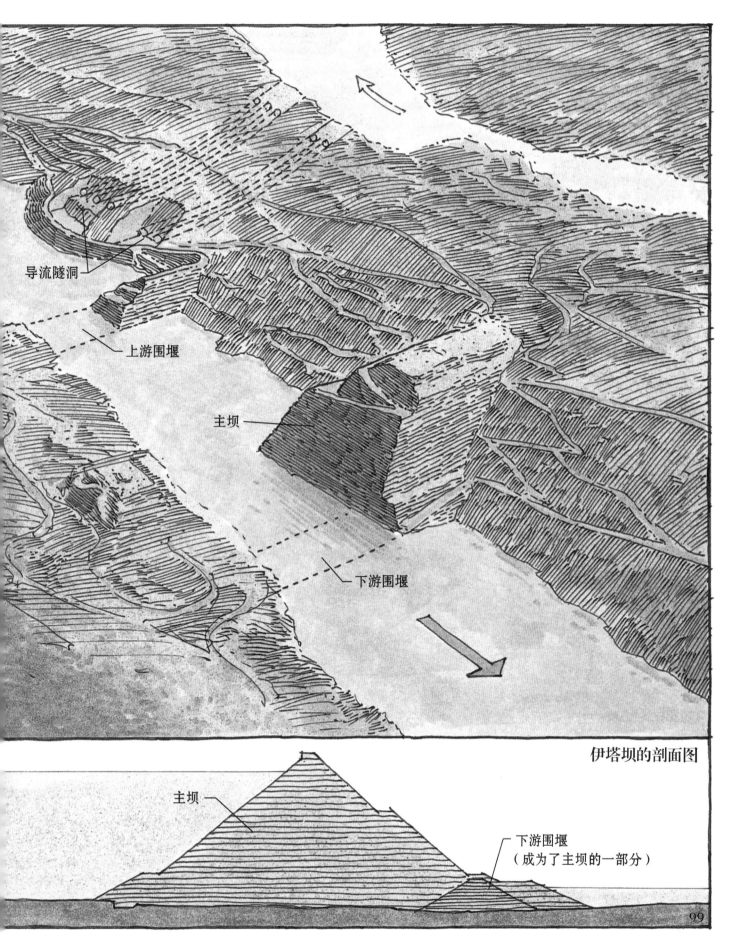

导流隧洞

上游围堰

主坝

下游围堰

伊塔坝的剖面图

主坝

下游围堰
（成为了主坝的一部分）

如果水流无法穿过水坝，就会试图绕过水坝或者从水坝下面流过。因此，需要在混凝土面和岩石地基、大坝底座的连接处之间加一层防水密封层。防水密封层所在的岩石上会被挖出一条壕沟，填充一层厚厚的混凝土板，称为"基座"。每间隔一段固定的距离，工人就在基座上钻一个洞，一直钻到岩石中，再从这个洞向里面灌入水泥浆，把里面的裂缝都填满。工人还向里面打进长长的钢条，把基座和岩石固定在一起。

在建造基座的同时，工人们也在一层层地铺设水平填石层。每层填充高度为 0.9 米到 1.8 米，并用重型振动压路机压实。当基座完成时，碎石层仅填充到 45 厘米高。作为过渡区，工人们必须十分小心地建造这个部分，因为它的作用是将混凝土表面（坝底部分 45.7 厘米厚，坝顶部分只有 30.5 厘米厚）所承受的巨大水压平均地分解掉。工人们每铺一层过渡区石料，就在这一层的边缘用一块块预制混凝土石料筑成一道边墙，使建好的水坝表面尽量保持齐整。等过渡区的石料填充和基座都完工时（这花了两年时间），工人们才开始铺设水坝的混凝土外立面。他们将外立面分为一排垂直区域，每个区域有 12.2 米宽，从坝底一直延伸到坝顶。每一个区域四周都用临时的木板圈起来，然后插入钢筋网格。混凝土先倒入坝基底部，在水坝的混凝土表面和基座之间形成至关重要的防水连接。这层连接有一定弹性，当水坝最后沿着混凝土表面不断升高时，混凝土面与基座之间的弹性接缝会让混凝土面轻微移动。

碎岩填充

过渡层

边墙

趾板

上游坝基的剖面图

钢筋

木模板

铜皮泛水

水封

趾板

混凝土外立面

101

混凝土从坝顶的溜泥槽一直流到坝底。工人们每次倾倒混凝土，都要在这片区域的混凝土上吊装一个钢制工作平台，平台上的工人要不断地震动这些混凝土，以保证其呈均匀分布，另外一些工人则用泥刀将它们抹平。平台还拖着一条有很多孔的水管，水管不断向下洒水，这样，混凝土就不会因为过快地凝固定型而产生裂缝。

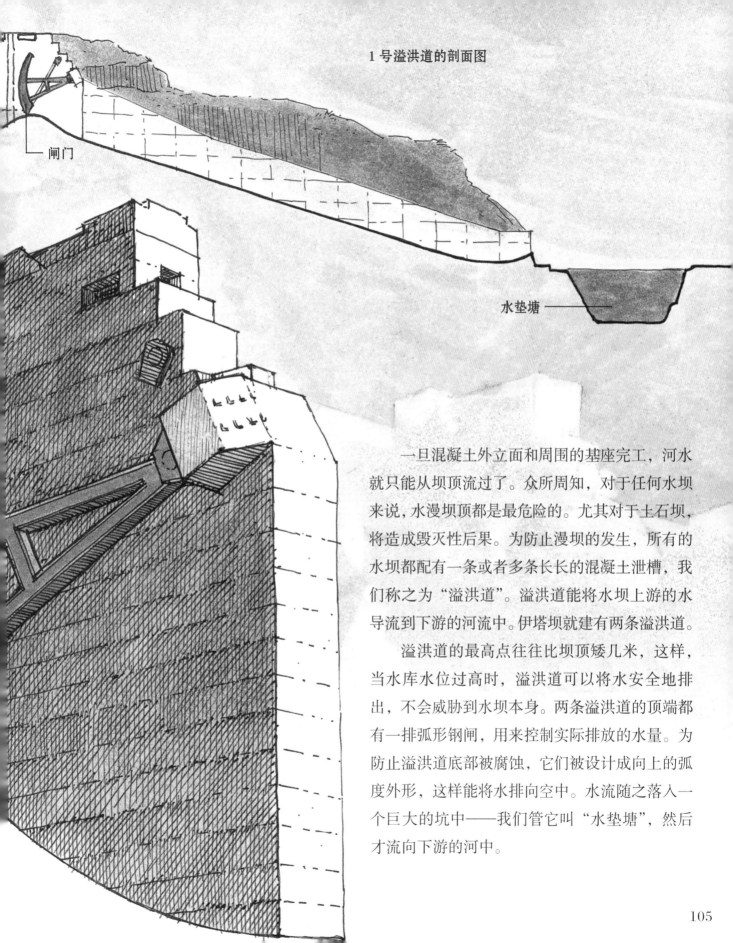

1号溢洪道的剖面图

闸门

水垫塘

一旦混凝土外立面和周围的基座完工，河水就只能从坝顶流过了。众所周知，对于任何水坝来说，水漫坝顶都是最危险的。尤其对于土石坝，将造成毁灭性后果。为防止漫坝的发生，所有的水坝都配有一条或者多条长长的混凝土泄槽，我们称之为"溢洪道"。溢洪道能将水坝上游的水导流到下游的河流中。伊塔坝就建有两条溢洪道。

溢洪道的最高点往往比坝顶矮几米，这样，当水库水位过高时，溢洪道可以将水安全地排出，不会威胁到水坝本身。两条溢洪道的顶端都有一排弧形钢闸，用来控制实际排放的水量。为防止溢洪道底部被腐蚀，它们被设计成向上的弧度外形，这样能将水排向空中。水流随之落入一个巨大的坑中——我们管它叫"水垫塘"，然后才流向下游的河中。

水坝工程的最后部分，也是建造水坝的主要目的，就是建造水电站。水电站里有发电设备，它往往尽可能地建在比水库内水面低的地方，这样当水流过水电站的时候，所携带的水力是最大的。

在伊塔坝，水流进入水电站前要经过一系列巨大的闸门。与溢洪道的闸门不同的是，这些闸门上下开合，就好像中世纪城堡里的吊门那样。水流进五条相互独立的压力钢管中，每条钢管的直径超过 6.1 米，称作"拦污栅"或"叠梁"的筛网（名称依开口大小而定）能够阻止水中的碎石通过吊门，防止石块堵塞压力管或损坏下面的水轮机。压力钢管会极大地提高水压，因此钢管内壁由混凝土或钢铁制成。

水电站进水口

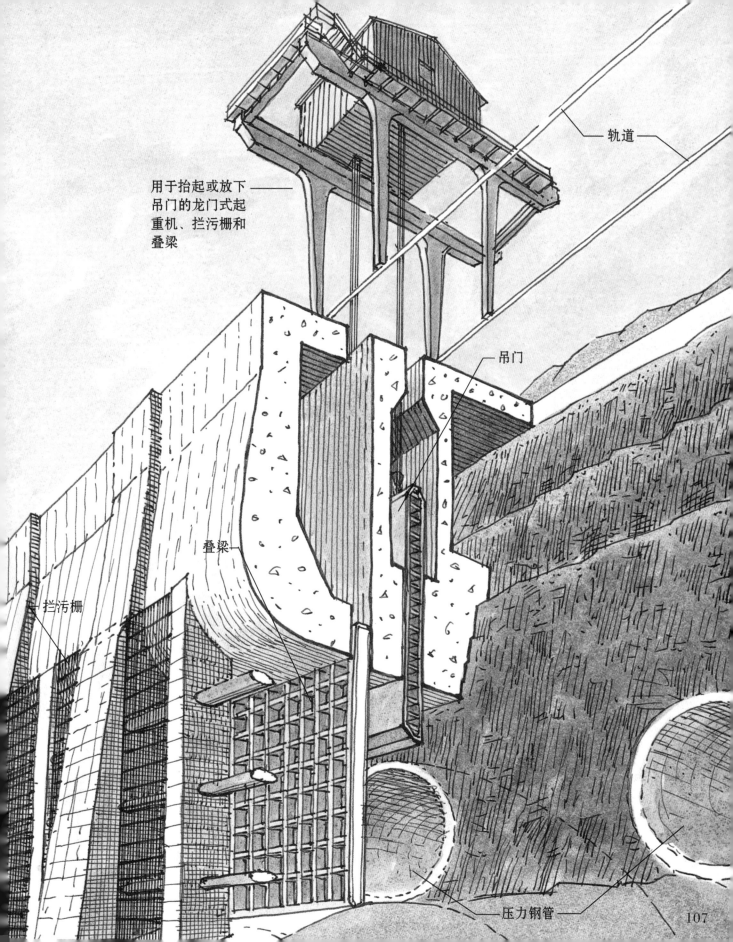

轨道

用于抬起或放下
吊门的龙门式起
重机、拦污栅和
叠梁

吊门

叠梁

拦污栅

压力钢管

107

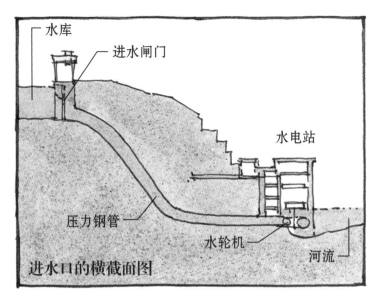

水库
进水闸门
水电站
压力钢管
水轮机
河流

进水口的横截面图

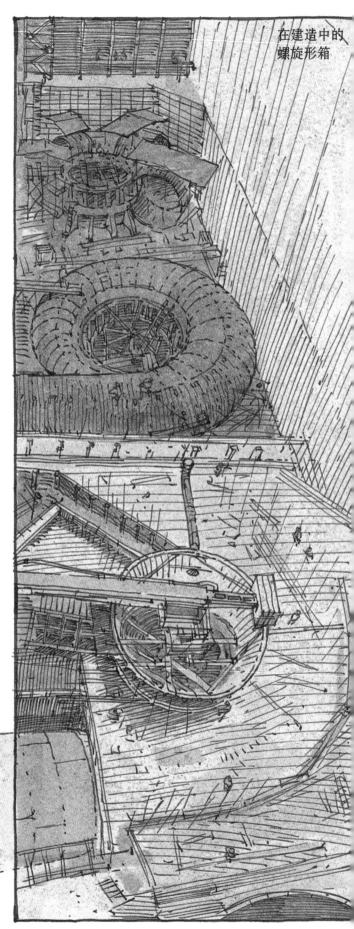

在建造中的
螺旋形箱

当水流到水电站后，它从压力钢管中流出，进入一个螺旋形的钢管里，称作"螺旋形箱"。它环绕在一个装有叶片的水轮边上，这就是水轮机。当水从螺旋形箱里流出来时，会推动叶片，让水轮机旋转起来。水轮机的轮轴直接连到另一个轮子的轮轴上，这个轮子叫作"转子"，它的周围裹着磁铁。转子在一个被称为"定子"的大型固定轮圈内转动。磁铁的运动将定子中的小电流转换成更强的电流，工人们就可以将电流导出储存，然后配送出去。

由于水坝工程造价十分昂贵，所以水电站一定要尽快建好发电。因此，伊塔坝的很多部分是同时开建的。2000年6月，从伊塔坝输出的首批电力被送到了巴西的千家万户。

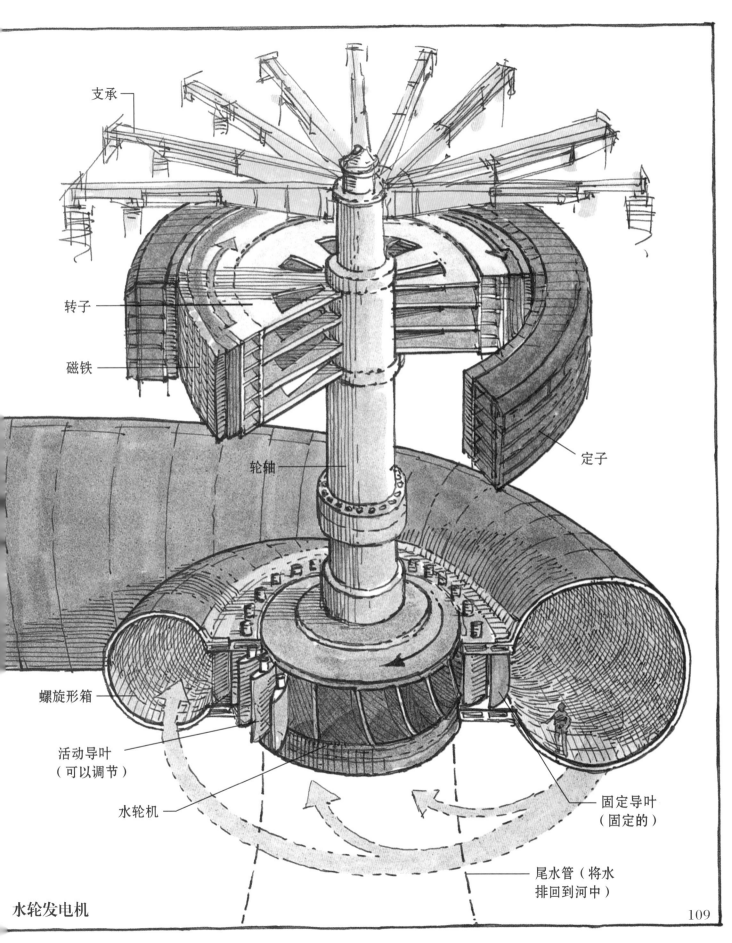

支承

转子

磁铁

定子

轮轴

螺旋形箱

活动导叶
（可以调节）

水轮机

固定导叶
（固定的）

尾水管（将水
排回到河中）

水轮发电机

亚利桑那州

未来的大坝

内华达州

导流隧洞

110

胡佛水坝

内华达州和亚利桑那州之间的科罗拉多河，1931 年—1936 年。建造横跨科罗拉多河的水坝有四个理由：其一，灌溉干旱的美国西南部；其二，控制这条变幻莫测的河流，尽量减少洪涝灾害；其三，采集河中泥沙；其四，发电。可一直等到发展中的南加利福尼亚城同意购买胡佛水坝的电力后，这项工程才得以开工。

美国开垦局从 20 世纪初就开始在科罗拉多河沿岸寻找适合建造水坝的地点。1928 年，他们将范围缩小到了博尔德峡谷和布莱克峡谷，但最后被选中的是布莱克峡谷。那里的山壁更高，河道更窄，这意味着只需要建造一座小型水坝就可以完成任务。我们很难想象一座坚固的混凝土建筑，高 213 米，坝顶宽 366 米，坝底厚达 201 米，会被认为是小型的东西，但作为水坝就是这样。

河水被四条导流洞分流，绕过水坝工地。每条导流洞大约 1207 米长，直径达 17 米，内侧有 1 米厚的混凝土衬砌。到 1932 年底，亚利桑那州一侧的两条导流洞已经建好，洞口处的障碍物也被炸掉，水流开始进入导流洞。

导流隧洞

科罗拉多河

紧接着，工人们开始建造上游围堰，围堰的最终高度将达到 30 米，用混凝土做外立面。不到 5 个月的时间，上下游的围堰就竣工了，两侧围堰之间的河水也被抽干。

随后，工人们开始清理河床上 12.2 米厚的泥沙，露出下面的基岩，为建造坝基做准备。河底淤泥由缆绳吊起，缆绳的两端固定在峡谷两侧的塔架上，塔架可以沿轨道滑动，将缆绳上吊着的东西吊起或放下。工人在清理河床的同时，也要清理山谷两侧岩壁上松动的岩石，这是整个工程中最危险的工作之一。这项工作由高空作业的工人完成，他们就像马戏团演员那样，用缆绳从岩壁上吊下来，用大功率的手提钻清理岩石，而且没有安全网的保护。

和伊塔坝一样，胡佛水坝也是重力坝，但是由于形状和高度的限制，胡佛水坝的坝体需要完全由混凝土构筑而成，让防水表面和支撑结构一次成型。从胡佛水坝的横截面来看，它近似于一个直角三角形，体积最大的部分集中在坝底，这里承受的水压也是最大的。水坝的上半部分有向上游弯曲的弧度。它的作用类似一个桥拱，将上游河水带来的压力分解到两侧坚硬的岩壁上。岩壁上挖出一条沟槽，用来支撑岩壁两端。尽管胡佛水坝是一座重力拱坝，但考虑到这座水坝的巨大重量，我们认为它不应该建成拱形的，但是人们直觉上更相信拱形的承受力，当他们站在水坝上，看着拱形水坝将冲过来的河水挡回去的时候，任何人都会感到非常安全。

1933 年年中，开始修建水坝的坝体。由于工地需要不间断的混凝土供应，工人们在工地旁建起了两座混凝土搅拌站，还沿着内华达州一侧的岩壁修了一条火车道，利用小火车将混凝土从搅拌站运送到缆绳升降机那里。

内华达州一侧缆绳系统的塔架和临时铁路线

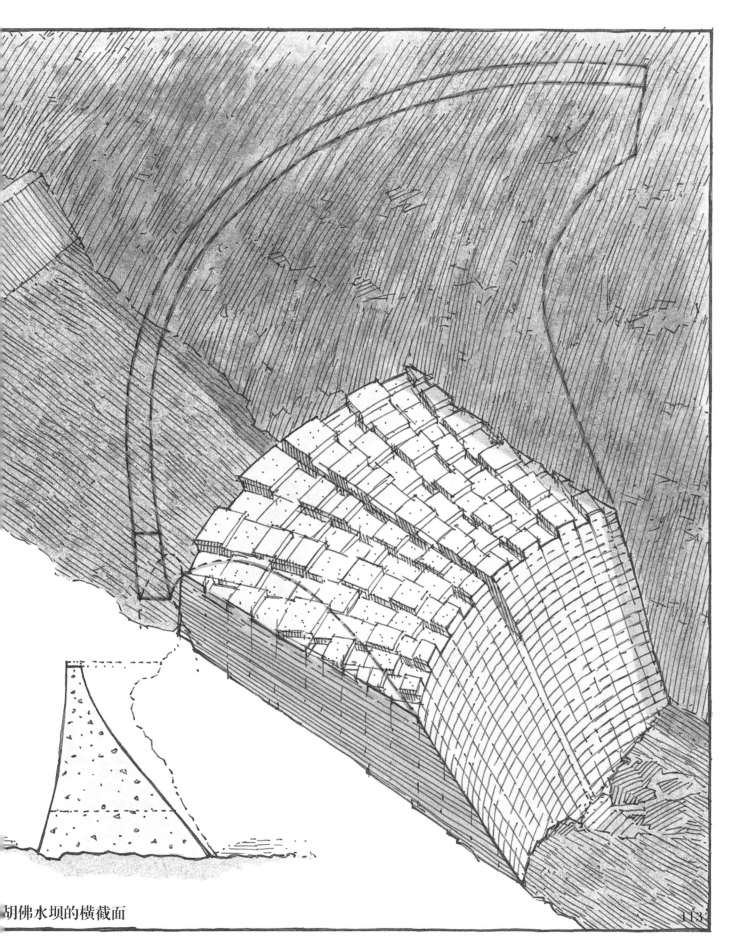

胡佛水坝的横截面

冷却系统的管道

木模板

胡佛水坝的坝体由 230 个直立柱组成，每个柱体的横截面长约 18.3 米，宽约 7.6 米，面积约为 140 平米。每个柱体一次加盖 1.5 米的高度，交错进行，固定混凝土的木模板可以更容易地更换位置。柱子边侧则从水平向或垂直向进行加紧，这样柱体就被锁在一起，保证水坝竣工后是一个巨大的整体。之所以限制每次浇筑的面积和高度，是为了保证工人们均匀地把混凝土填充到木模板中。在水坝的建筑过程中，工人们在水坝内修建了一些垂直的竖井和水平的廊道，方便今后进行检查和排水，也可以在混凝土变干的过程中灌浆。

混凝土是碎石、沙子和水泥的混合物。将它和水混合后，水泥会发生一种名为"水合作用"的化学反应。这会导致水泥的结晶化，从而将混凝土中的成分聚合在一起，但水合作用会产生大量的热量，如果这些热量散失得过于迅速或者不够均匀的话，混凝土就可能产生裂缝。水坝中出现裂缝并不是好现象，建筑工人要尽力避免这种情况发生。

混凝土产生的大量内部热量带来了两个难题。一是在热量缓慢释放的过程中可能因为冷却不均而产生裂缝；二是只有整个结构都冷却完成后，才能在柱体之间灌注水泥浆把它们连接起来。但是如果没有外力作用的话，即使等上 50 年，胡佛水坝的冷却度仍然可能达不到满意的程度。

为了加快并更好地控制冷却过程，工程师们在每层混凝土中埋入水管，向水管内注入冰水。通过调节水温来调整冷却速度。在水坝的中心线上有一条 2.4 米宽的槽道，里面埋放的粗管道从冷凝设备中将冷水输送到水坝里面。随着水坝越盖越高，槽道会以 15 米的灌浆高度，一次又一次输送冷水。1935 年初完成最后一次浇筑后，整个大坝成功地在 20 个月内就冷却下来了。

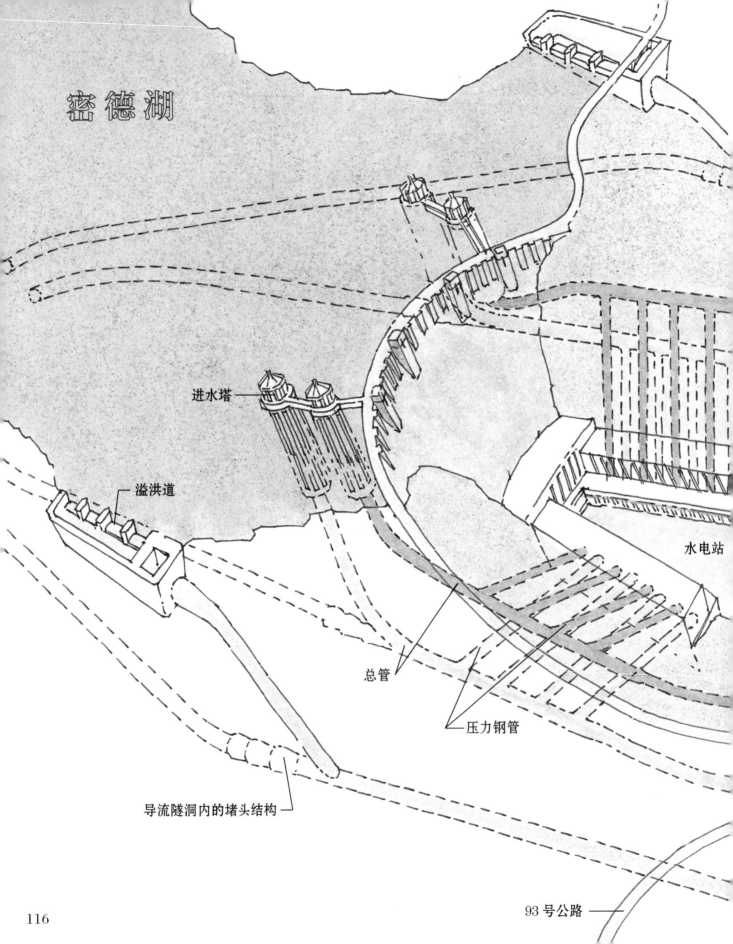

密德湖

进水塔

溢洪道

水电站

总管

压力钢管

导流隧洞内的堵头结构

93 号公路

116

在水坝上游建有 4 座 34 层楼高的进水塔。水库中的水经过进水塔流进钢制总管和压力钢管后，再流到水坝坝底的水电站内或者两栋排水塔里。进水塔立在岩架上，岩架则固定在河床上方超过 91 米的峡谷山壁上。进水塔可以用巨大的圆柱形大门封堵，其底部和河床之间的空间可用于收集泥沙。排水塔的主要作用是排出下游灌溉所需的水。

胡佛水坝工程的最后一个主要组成部分是两条 152 米长的溢洪道，它们就像混凝土做成

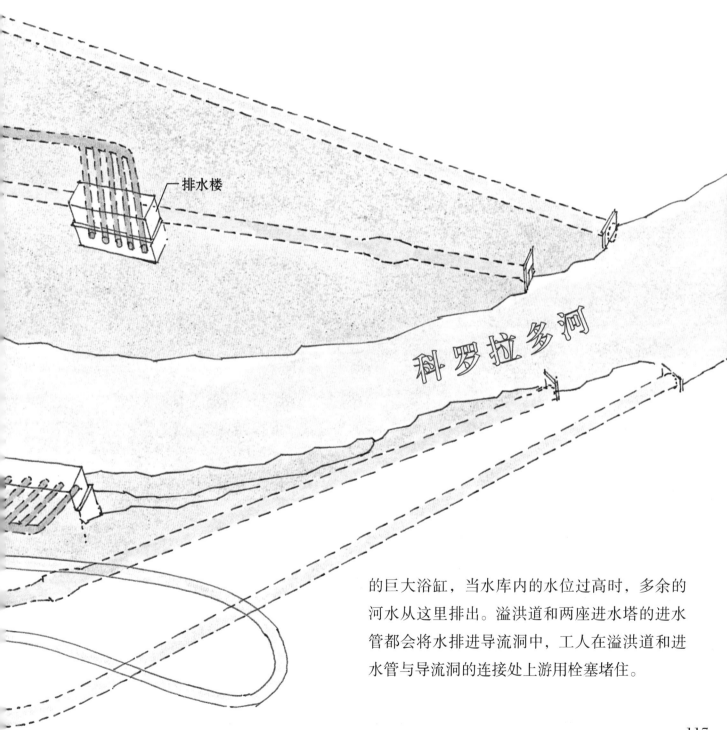

排水楼

科罗拉多河

的巨大浴缸，当水库内的水位过高时，多余的河水从这里排出。溢洪道和两座进水塔的进水管都会将水排进导流洞中，工人在溢洪道和进水管与导流洞的连接处上游用栓塞堵住。

阿斯旺高坝

埃及，尼罗河，1960 年—1971 年。胡佛水坝建成 24 年后，水坝工程师们又瞄上了另一条需要"调教"的河流。四千多年来，尼罗河为沿岸人民提供了肥沃的土地和灌溉水源，孕育了世界上最伟大的人类文明之一，但它和科罗拉多河一样反复无常。有时，它过度慷慨，淹没村庄，摧毁农作物；而有时，它又极其吝啬，导致大面积饥荒。

19 世纪末，埃及人口一直稳定地增长。反复无常的尼罗河让完全依赖它的埃及人无法忍受。为解决这个难题，英国的工程师们设计并监督建设了历史上第一座横跨尼罗河的水坝。它十分巨大，屹立在一个叫阿斯旺的地方。在它建成后的几年中，又经过了几次增高，但仍然无法彻底满足人们的需求。

从 20 世纪 50 年代开始，工程师们经过钻研攻关，最终提出建设一座更大水坝的计划。为和原有的水坝区分开，人们称它为"阿斯旺高坝"。比起旧坝，阿斯旺高坝可以提供更多的

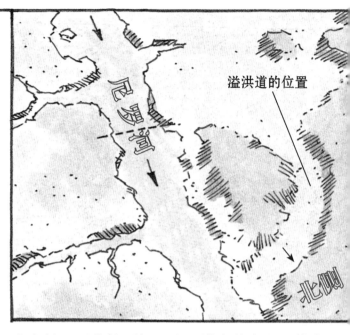

溢洪道的位置

北侧

发电量，还能够更好地防止洪灾的发生，使农业的季节性耕作变成全年耕作。

和之前的工程一样，工人在水坝的上游和下游建造围堰，通过导流让河水绕过工地。但这一次，虽然上下围堰之间不再有水流，河水并没有被抽干。由于尼罗河很宽，并且河岸较低，工程师决定建一座土石坝，它的防水层是一层坚固的黏土心墙，由层层碎石和沙岩来加固。

阿斯旺高坝的横截面图

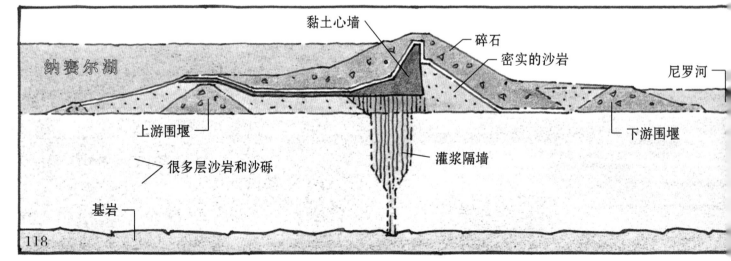

纳赛尔湖

黏土心墙

碎石

密实的沙岩

尼罗河

上游围堰

灌浆隔墙

很多层沙岩和沙砾

下游围堰

基岩

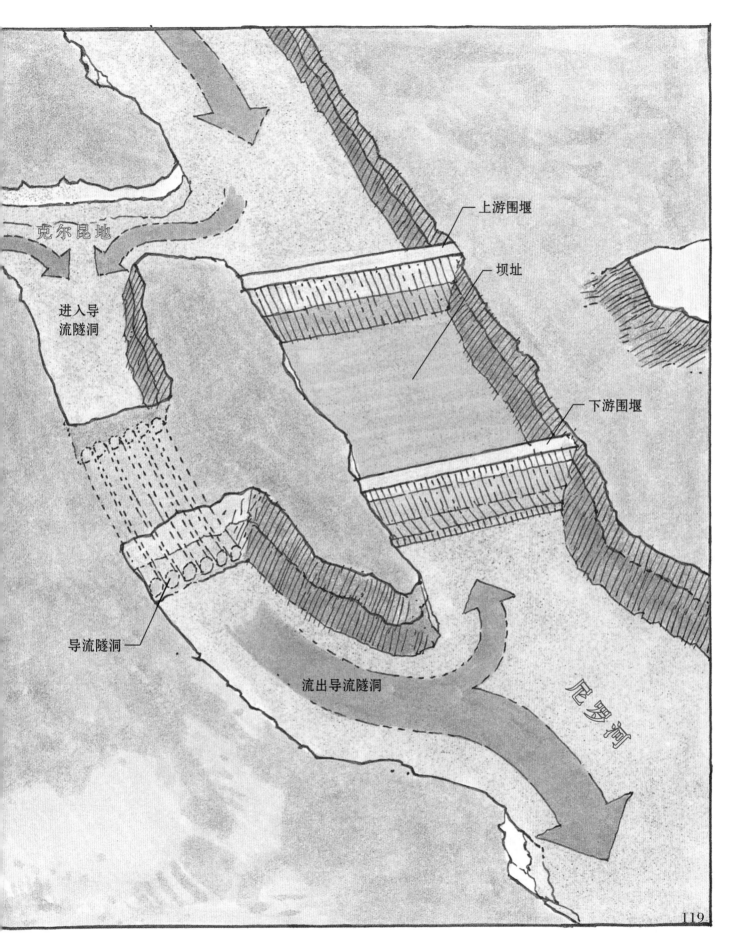

上游围堰

坝址

克尔昆地

进入导
流隧洞

下游围堰

导流隧洞

流出导流隧洞

尼罗河

建造灌浆隔墙

碎石

黏土心墙

插入管道

拉出管道

水泥浆

管道

钻孔机

灌浆柱

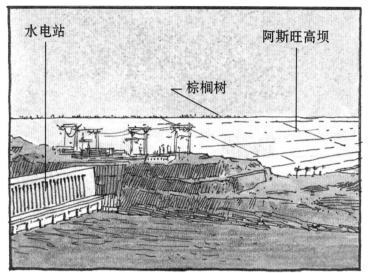

水电站

棕榈树

阿斯旺高坝

不巧的是，尼罗河有一座峡谷，走向不是向上升，而是向下降，降到比尼罗河还要低约183米的高度，里面满是沙子和沙砾。尽管黏土心墙可以阻止河水穿过或者绕过水坝，紧急溢洪道可以防止漫坝，还是需要阻止河水从水坝下面泄到下游，或从下方对水坝造成威胁。

为此，要在水下建造一个屏障，称为灌浆隔墙，基本上是由很多相互连接的灌浆柱形成的一堵连体墙。工人们挖掘出一组设计好的水下洞，最深的洞有183米深，一直延伸到河床。每挖一个洞，就将一条直径7.6厘米的管子插进洞中。一旦达到了预定深度，管子就会被慢慢抽出，同时用管子向洞内灌注水泥浆，泥浆在流出管子的瞬间快速膨胀，扩散到周围的岩层中。当这种高密度水泥沙和沙砾的混合物凝固后，就会形成一个直径将近1.5米的永久柱体。随着工人们一排排地钻孔并灌浆，最终建造出一座连体的防水屏障。

等到灌浆隔墙上方一层层压实的建材填充到位后，上下游的两座围堰就连成了一个整体结构，延伸超过805米，深入河床内122米。阿斯旺高坝由30000名工人历时10多年修建而成，有500多人在建设过程中丧生。

伊泰普水坝

巴西与巴拉圭之间的巴拉那河，1975年—1991年。1974年4月，巴西和巴拉圭政府决定在一个名为伊泰普的地方建造世界最大的水力发电站大坝。竣工后的水坝装有18台巨型水轮发电机，向巴拉圭供应的电量将超过其实际用电量，同时还能满足巴西30%的用电需求。

近8050米长的水坝是砌石坝和土石坝的结合体。水坝的第一部分是实心的重力混凝土结构，可以先让整条河流转向。和它相邻的，是一座拦在河水中央的空心重力混凝土坝。由于这一部分不需要太重，它的坡面由一排平行的墙体支撑，墙与墙之间由巨大的洞室隔开。从空心重力坝的两端延伸出去的是两座水泥支墩坝，它们只有一面，依靠一排裸露在外的斜墙支撑。最后完工收尾的是土石坝，它包括黏土心墙和由土石砌成的外防护层。实际上，伊泰普大坝中唯一没用到的典型水坝结构只有拱坝，但在开始建造实心重力坝时，原本有两座拱坝用来堵住导流洞流出

巴拉那河

拱坝（临时）

的河水，等到实心重力坝建好后，这两座拱坝就被炸毁了，河水从它们的坝基上流过。

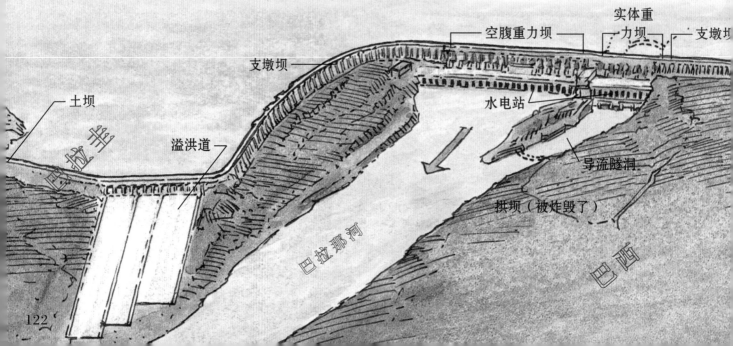

122

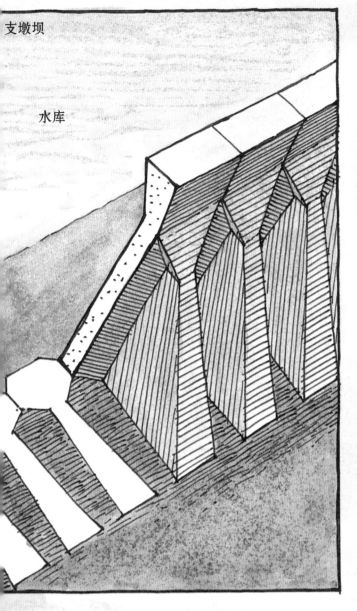

支墩坝

水库

堆石坝

空腹重力坝

水库

土坝

　　要理解一座水坝有多么巨大是很困难的，特别是像伊泰普这种规模的水坝，尽管你可以在空中将它尽收眼底，但还是很难真正感受到它那不同寻常的超大规模。

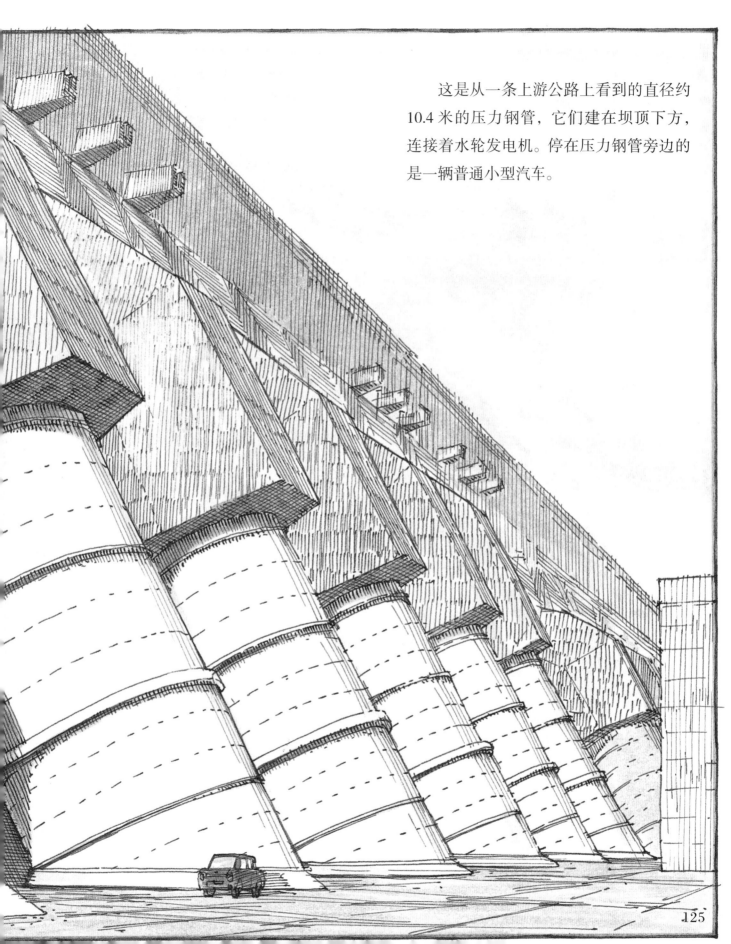

这是从一条上游公路上看到的直径约
10.4 米的压力钢管，它们建在坝顶下方，
连接着水轮发电机。停在压力钢管旁边的
是一辆普通小型汽车。

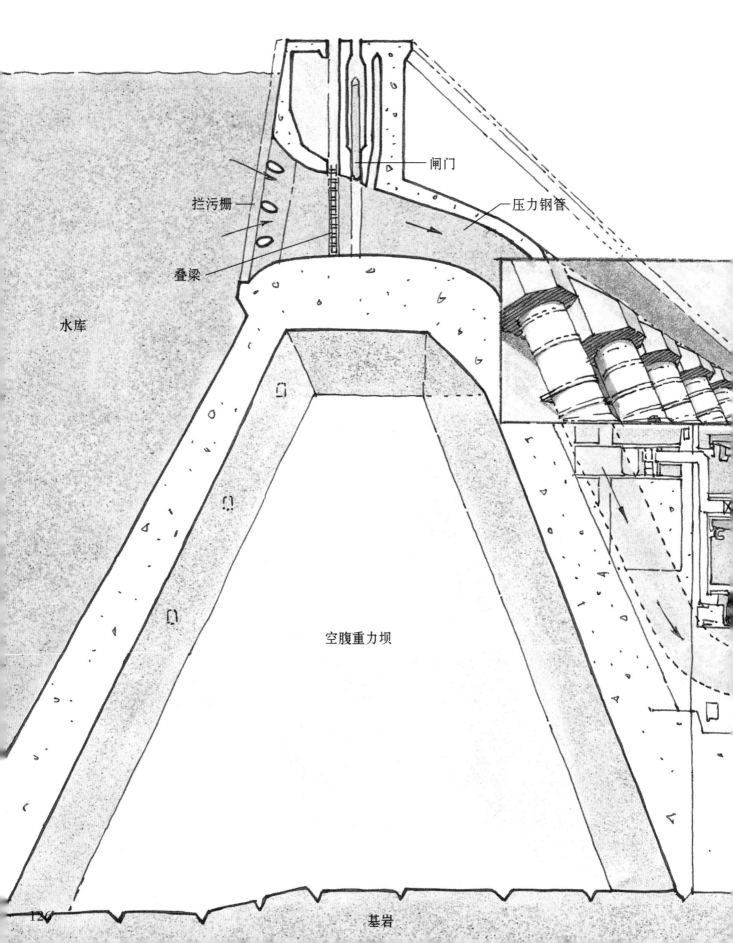

闸门

拦污栅

叠梁

压力钢管

水库

空腹重力坝

基岩

现在，我们将之前的那张图放在这张主坝和水电站剖面图中它所在的位置，或许就能更容易体会到巨无霸建筑的存在感了。

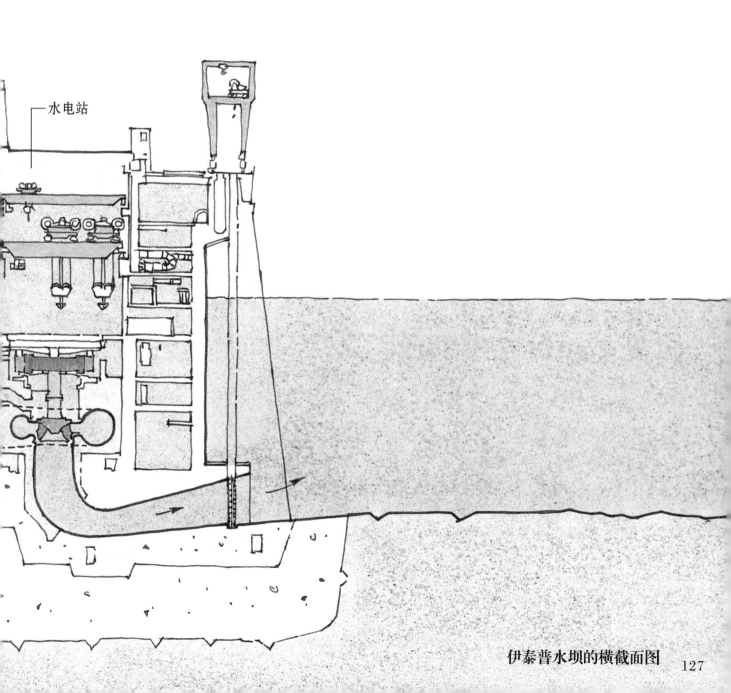

水电站

伊泰普水坝的横截面图

第四章 穹 顶

世界上最宏伟的穹顶建筑都拥有让我们感动的力量。一方面，我们发现，仅仅是为了看清全貌，我们往往不得不转上几圈去打量它们；另一方面，它们能够吸引我们注视天顶，让我们的精神得到升华。但是，违反重力原理可不是一件容易的事。归根结底，穹顶就是屋顶。无论多么巨大，它们一定是基于某种原理才能如此"高高在上"的。

最早的、也是最纯粹的穹顶就是单纯的石砌拱顶，内部形状和外部轮廓基本是一致的。然而，几个世纪以来，人们开始将穹顶当作灯塔使用，这导致穹顶建得越来越高。随着时间的推移，人们已经无法从地面直接支撑起穹顶的内部结构了，于是建筑师们在第一层穹顶内再建第二层穹顶，从而解决了这个问题。不过一座建筑中，最多能有三层穹顶或者类似的拱顶结构摞在一起。随着这些建筑物越来越复杂，它们作为宗教信仰、文化和政府机构的象征意义，也变得越来越重要。

随着20世纪建造技术日趋成熟，以及建材坚固性的提高，很多体育馆和会议厅都采用穹顶结构。到了20世纪末，"穹顶"一词已经基本等同于大型集会场所了，它们都是建筑史上的壮举，但它们都太大了，无法给我们带来感悟。这些建筑或许会给我们留下深刻的印象，甚至征服我们，但它们能像罗马的万神庙或者圣彼得大教堂的穹顶那样，引导我们超越自己吗？我想是不可能的。

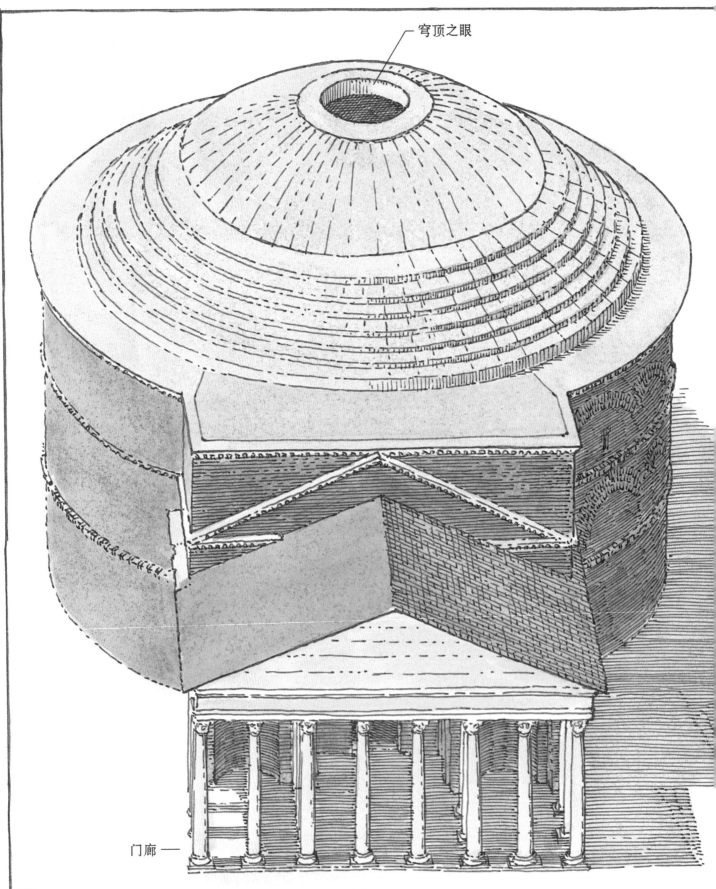

穹顶之眼

门廊—

万神庙

意大利，罗马，公元118年—公元125年。在登上王位后，罗马帝国的第十三任统治者哈德良（Hadrian）就展开了一系列笼络人心的行动。按照传统做法，他豁免了部分债务，还在罗马的圆形大剧场里提供精心策划的演出，但是他还想创造出一些让人们能够记住他的东西。作为一位有天赋的业余建筑师，哈德良很清楚一座建筑，尤其是一座巨型建筑所拥有的力量。于是，他和他的建筑师们共同设计了一座供奉所有神灵的万神庙，替代了阿格里帕早年修建的、已破败不堪的万神庙。

他们设计的建筑由两个主要部分组成，一是所有神庙前都具备的入口通道——由圆柱和三角形檐饰组成的一座挑高的门廊。第二部分则超乎了人们的想象，是由一个完整穹顶覆盖着的巨大的圆形房间。在人造的混凝土天顶下，这个封闭而空旷的空间通过穹顶上一个直径8.23米的孔——"穹顶之眼"和众神相连。这是个精妙绝伦的设计。哈德良不仅可以接受民众的监督，也是在众神的注视下工作，这暗示着他得到了众神的支持。

为了更好地理解穹顶是如何相互支撑的，我们来看下面这幅图。穹顶上面覆盖着网格，纵向的线叫作"经线"，横向的线叫作"纬线"。在穹顶的顶部，和拱形类似，各条经线向中心点倾斜，导致纬线上受到压力。在穹顶底部，经线产生向外的推力，牵拉着各条纬线，导致纬线上产生张力。在特定的两条纬线之间有一个位置——既不会产生张力，也不会受到压力，在图中用虚线表示。想要建一座穹顶，建筑师们必须谨慎地处理好这两种作用力。

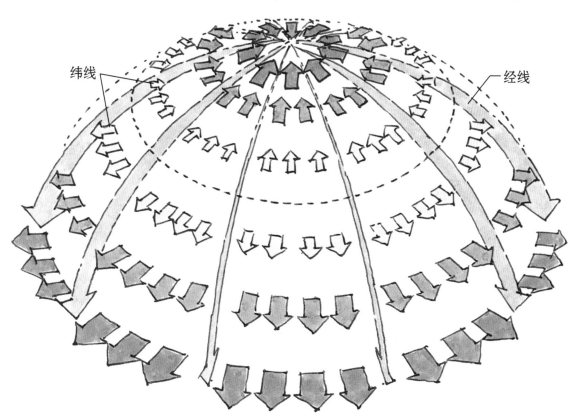

纬线

经线

减压拱

支撑环

罗马建造者们对于穹顶这种形状和建材并非毫无经验。穹顶是对拱顶的拓展，也就是对拱的拓展。穹顶下面的混凝土圆柱形结构，表面由砖块砌成，实际上就是由支柱构建而成的环形，通过相对较薄的墙壁和被隐藏起来的巨拱连接到一起。这些拱支撑着上部巨大的重量，并将重力传导到窗户、走廊，最终汇聚到墙壁和下面的地基上。

万神庙几乎完全用混凝土建造，但是木头在建造过程中也起到了举足轻重的作用。工人们把木质脚手架搭满了最终会被这个大圆柱体所包围的空间。这片人工森林成了墙面建筑工的工作平台，还为顶部的半球形结构提供支撑，最后在上面浇筑混凝土，形成穹顶。在穹顶内侧墙壁上，还会镶嵌五圈梯形凹槽，称为"花格镶板"，不仅会增加视觉上的丰富性，还可以减少穹顶的重量。要完成这一设计，工人们要先在穹顶表面造出这些凸起的梯形。

混凝土是将骨料，例如石头和沙子，与水泥和水混合。为最大限度地减轻穹顶的重量，万神庙的建筑工人们在建造过程中使用了不同的骨料。例如，穹顶底部使用的材料是一种名为"玄武岩"的很重的石头，而穹顶顶部使用的则是一种名为"浮石"的相对较轻的火山岩。

在穹顶底部，工人们浇筑了几层水泥，以抵消产生的张力，这一部分称为"支撑环"，它还能够提供额外的重力，将水平方向的力转而引导到下面的墙壁上。穹顶的上部厚度约为1.5米，但加上7层支撑环后，厚度超过了5米。

最引人注目的或许就是"穹顶之眼"了。在受力最大的穹顶顶部，建筑师决定不使用任何建材，而使用 1.4 米厚的砖块砌成一圈，以承受这部分压力，我们称之为"承压环"。如同一条圆形隧道的横截面一样，这一圈砖块承担着来自各个方向的压力，让这个封闭的空间能有一个开口，但从这个开口通过的不是火车和汽车，而是光线，有时候还有雨水。

穹顶的内部空间是一个直径为 43.6 米的完美的球形，从穹顶之眼到地板中心的距离恰好也是 43.6 米。除了这一完美的几何造型，阳光在万神庙内转动形成的环形轨迹，以及满天繁星的夜景，让万神庙不仅仅成为一座众神的庙宇，还表示着众神正坚守在哈德良帝国的中心。

万神庙的横截面图

134

承压环

花格镶板

支撑环

圣索菲亚大教堂

君士坦丁堡（现今的土耳其伊斯坦布尔），532年—537年。和之前的情况类似，查士丁尼一世（Justinian）效仿哈德良皇帝，建造了一座伟大的穹顶建筑——圣索菲亚大教堂。这座教堂的建筑师是特拉勒斯的安提莫斯（Anthemius）和米利都的伊西多尔（Isidorus）。他们首先将61米见方、约合3700多平方米的区域划分为三个并列的长方形，然后在中间区域的中心位置，又圈出一个边长约30.5米的正方形，准备在这个位置的正上方建造穹顶。

安提莫斯和伊西多尔先在正方形区域的四角建造了四个巨大的石灰岩支柱，以这四个支柱为支点再建造四个巨大的砖砌石拱，每个石拱占据正方形的一条边。支柱上，拱与拱之间的地方用砖石填充，形成略带弧面的三角体结构，我们称之为"穹隅"。穹隅建成后，其顶部就可以形成一个完整的环形基座，为穹顶提供支撑。

整座建筑，包括穹顶，都是用薄方砖建造的，每块砖厚5厘米，面积约63.5平方厘米。

为保证教堂内的采光，建筑师在穹顶基部设计了很多窗户，这就导致抵消水平拉力的支撑环不能采用万神庙那样的连续结构。于是，建筑师们将支撑环分解成多段，以支撑窗户之间的砖墙，并用薄薄的拱肋加固穹顶。没有了完整的支撑环，建筑师需要用别的方法约束穹顶和四个支撑拱产生的向外的张力。

沿着这座教堂的主轴线，建筑师们又建造了两个半穹顶，分别接在主拱的两侧，并用一系列更小的半穹顶和拱顶支撑。就这样，整个石砌建筑群将所有的力通过墙壁和支柱导向地基。为了抵消掉垂直于主轴线的作用力，建筑师在四根支柱边加装了四个巨大的矩形石块。接下来，又在两个主拱下面修建了一个小型的拱，以及嵌有窗户和柱廊的墙壁。

圣索菲亚大教堂的穹顶

铅皮

砖砌穹顶

分成多段的
支撑环

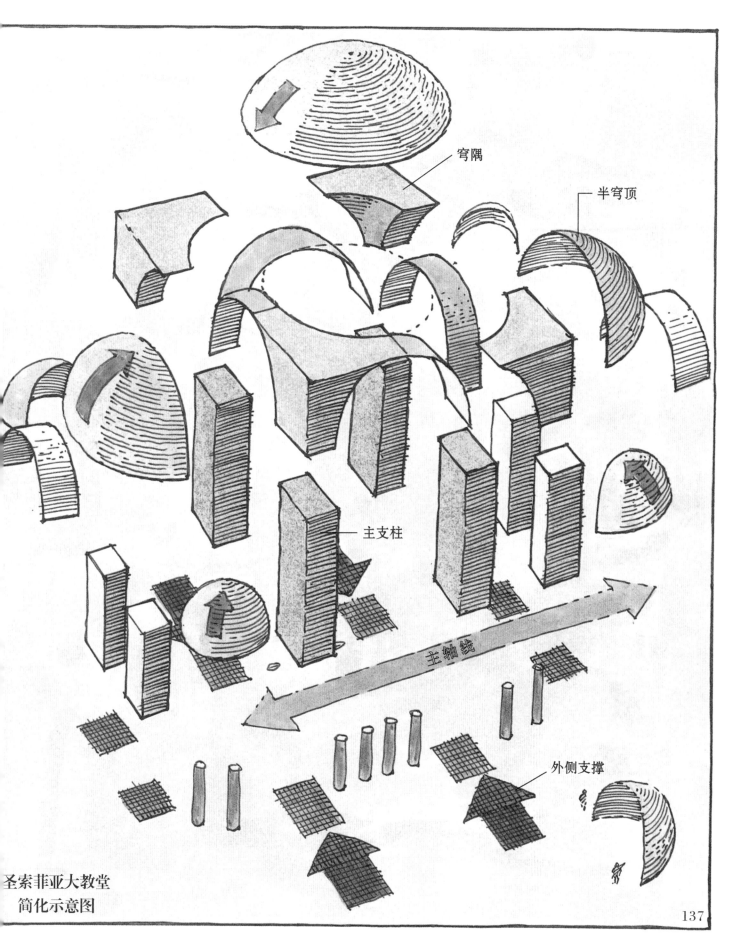

穹隅

半穹顶

主支柱

主轴线

外侧支撑

圣索菲亚大教堂
简化示意图

在圣索菲亚大教堂建成后的第 20 年，地震导致部分主穹顶和一个半穹顶坍塌。查士丁尼皇帝下令重建教堂，他的新建筑师发现这座教堂存在的主要问题是原来的穹顶高度不够，导

沿中轴线的横截面图

致张力过大。为了解决这个问题，他增加了穹顶的弧度，圣索菲亚大教堂也就变成了我们今天看到的样子。

穹隅

泽扎德清真寺

土耳其，伊斯坦布尔，1544 年—1548 年。1450 年，君士坦丁堡被攻陷，圣索菲亚大教堂从一座基督教教堂变成了一座伊斯兰教清真寺。又过了 100 年，当伟大的土耳其建筑工程师和设计师锡南受命设计几座新的皇家清真寺时，他毫无疑问地从查士丁尼皇帝 1000 多年前的建筑中获得了灵感——无论是在规模、形式方面，还是在耐久性方面。

这一次，他事先制定了完善的清真寺建设计划。这座清真寺包括一个外院、一座高高的中央祈祷厅，还有一座或多座尖塔。有了这样完整的建设计划，锡南就能集中精力，高效地建成一座典雅的清真寺。圣索菲亚大教堂的大穹顶和支撑穹顶的石拱产生的力通过两条主轴上的两个建筑系统进行控制，而泽扎德清真寺在两条轴线上使用了相同的小穹顶和半穹顶结合的结构，形成对称。外侧的支撑柱更小，并小心地嵌入到整座建筑当中。

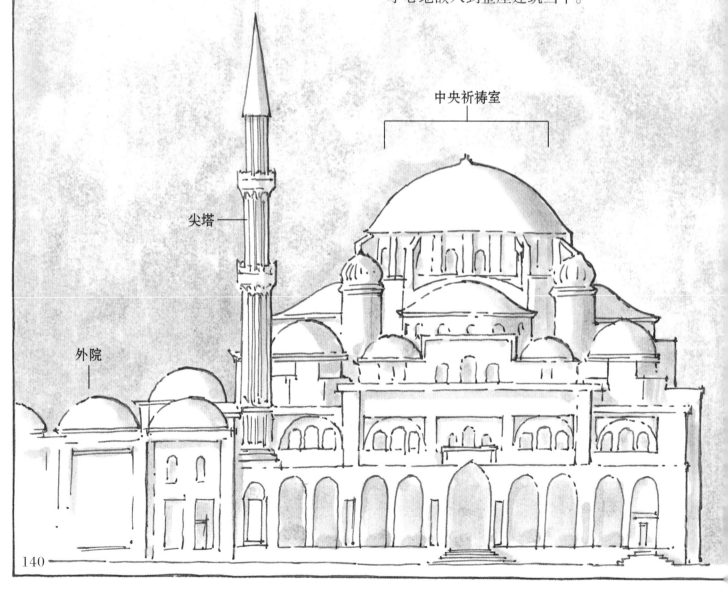

中央祈祷室

尖塔

外院

圣彼得大教堂

梵蒂冈城，1585 年—1590 年。从 1506 年开始，几乎所有著名的意大利建筑师和艺术家都被召集起来，参与建造圣彼得大教堂。米开朗基罗在完成了西斯庭教堂天顶画之后，于 1546 年再次回到罗马，接过了总建筑师一职，那一年，他已经 72 岁了。教堂十字架结构的巨大中央支柱已经竖立起来了，外墙也正在建设中，而他的目标是将整座建筑笼罩在一座不朽的穹顶之下。

泽扎德清真寺的穹顶看起来好像是由下方的构造自然延展出来的，但圣彼得大教堂的穹顶看上去则像是非常独立的结构，下方的构造似乎只是一个平台而已。穹顶有多个层次，最下面一层是基座，建在主穹隅上。接下来的两层是鼓形座，其中第一层被双列柱子环绕。鼓形座支撑起圆顶，圆顶的上面是穹窿顶塔。

也许是为了向哈德良皇帝的穹顶致敬，米开朗基罗设计的穹顶直径比万神庙的短 1.8 米。虽然底面较窄，但是高度更高。仅基座部分，就比整座万神庙建筑高 3 米，从底面到穹窿顶塔的距离大约有 137 米。

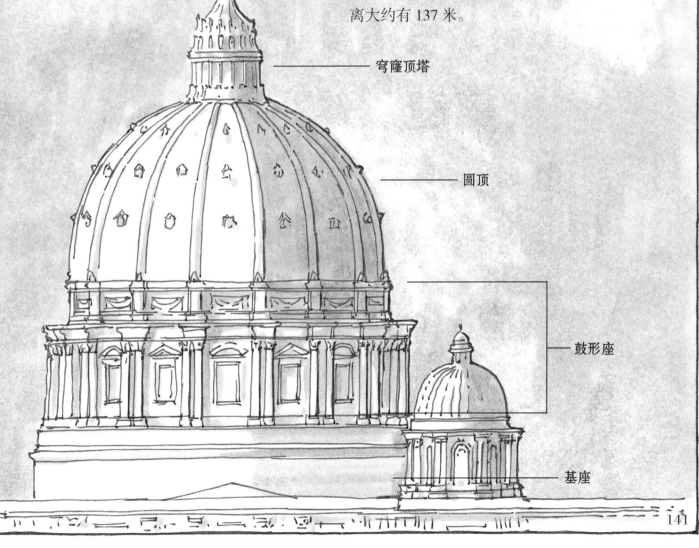

穹窿顶塔

圆顶

鼓形座

基座

另一座影响米开朗基罗的建筑是由佛罗伦萨建筑师菲利波·布鲁内列斯基（Filippo Brunelleschi）在一个半世纪之前建造的圣母百花大教堂。为了覆盖教堂巨大的十字架交叉结构，布鲁内列斯基建造了一个八角形的穹顶，穹顶有一层较厚的内层结构，以及一层较薄的外层保护结构。两层结构均由砖砌而成，通过石制的垂直拱肋和水平箍带形成的网格相连。这一精妙绝伦的设计不仅减轻了整个结构的重量，还增加了它的强度，更易于维护。这个建筑方案世界驰名，人们因此将这座教堂简称为"Duomo"，意为大教堂。

圣母百花大教堂穹顶的两层结构都是相同的椭圆形结构，而米开朗基罗的圆顶部分只有外层穹顶是椭圆形的，内侧穹顶则是和万神庙类似的半球形结构。造成这一差异的人也许是雅各柏·德拉·波尔塔（Giacomo della Porta），他在米开朗基罗死后的20年时间里负责监督圣彼得大教堂的建设工作。相比圣彼得大教堂的半球形穹顶，布鲁内列斯基的椭圆形穹顶产生的向外的拉力更小，尽管如此，两座穹顶的外围都添加了多条钢索，用以提供额外的支撑。

圣母百花大教堂的另一个惊人之处是，在建造过程中完全没有使用脚手架，而是将砖块用特殊的方式排列起来，即使上层砖块还没有搭建完成，下层砖块也能维持承压环一样的状态。但在建造圣彼得大教堂圆顶内外两层独立的穹顶时，可能借助了某种临时拱架从鼓形座对穹顶进行支撑，而没有从地面搭建拱架。总之，米开朗基罗依赖心灵手巧的工匠们打造出了这一杰作。

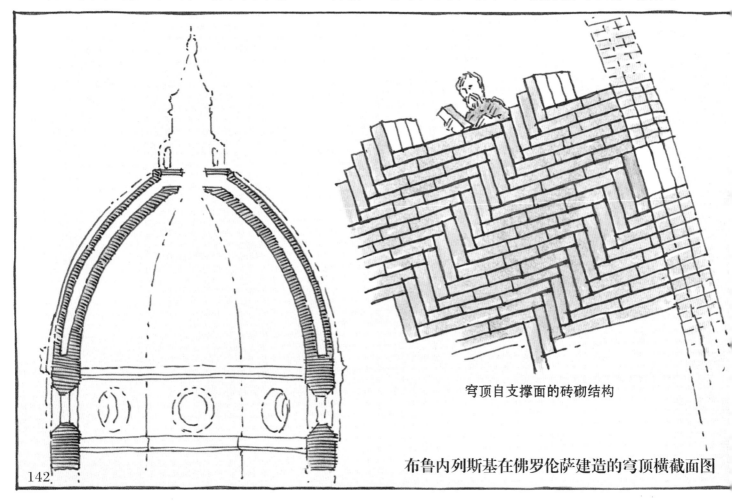

穹顶自支撑面的砖砌结构

布鲁内列斯基在佛罗伦萨建造的穹顶横截面图

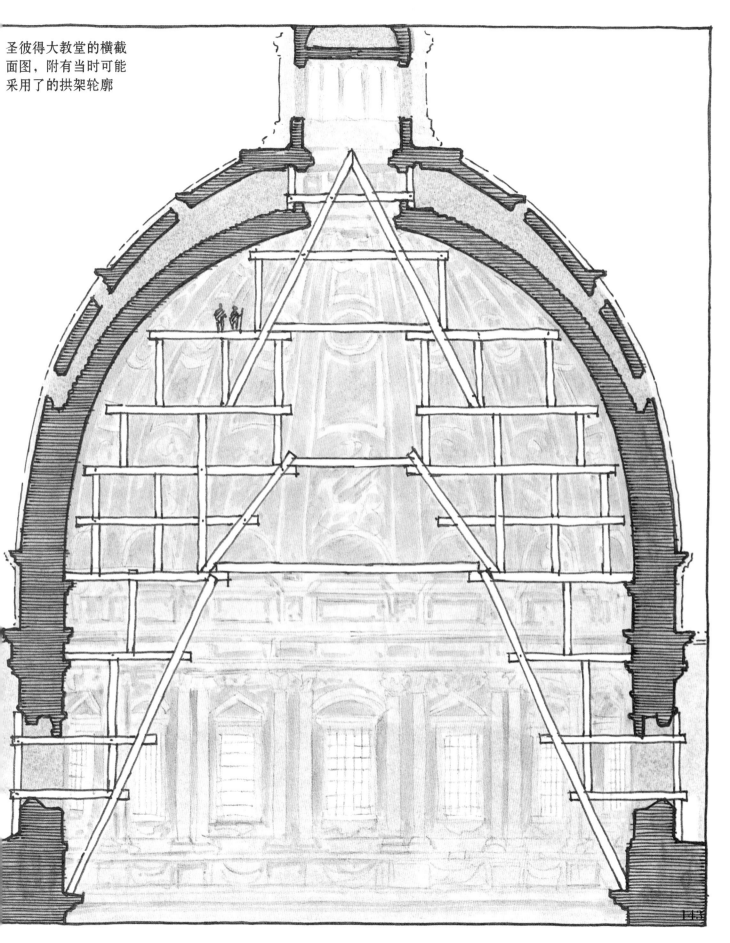

圣彼得大教堂的横截
面图，附有当时可能
采用了的拱架轮廓

143

巴黎荣军院和圣保罗大教堂

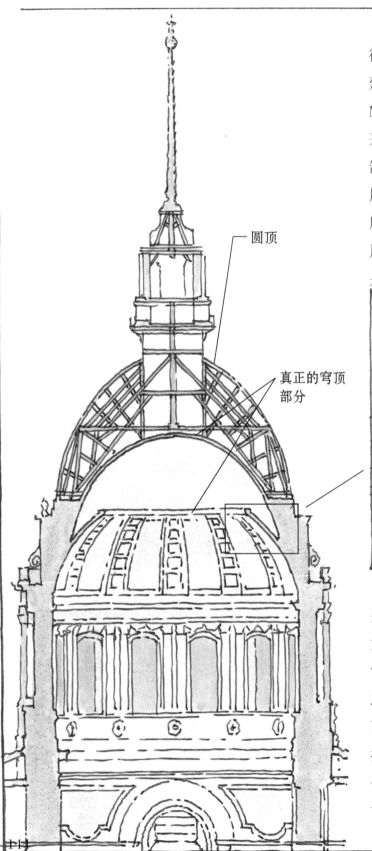

圆顶

真正的穹顶
部分

法国，巴黎，1680 年—1691 年。在圣彼得大教堂建成之后，建筑师们一直渴望将穹顶建得更高一些。当儒勒·阿都安·芒撒（J. H. Mansart）建造巴黎荣军院内教堂的穹顶时，他采用了一种三层结构。最下面的一层是真正的石制穹顶，带有穹顶之眼和少量的花格镶板。第二层石制穹顶上绘有云彩和众神，使重量看起来有所减轻。芒撒在这两层穹顶的底部增加了石料的用量，以抵消所有向外的拉力。最上面的圆顶则是一座用铅包裹的木屋顶。

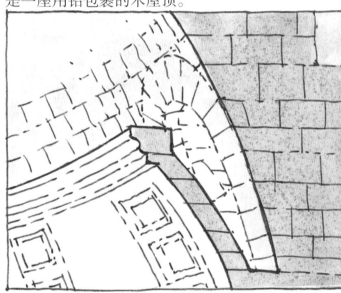

英国，伦敦，1675 年—1710 年。克里斯托弗·雷恩爵士（Sir Christopher Wren）在圣保罗大教堂的十字架交叉结构上建造了一座不同寻常的穹顶。它的内层为砖砌穹顶，同样带有穹顶之眼，距离地面 65 米。内层穹顶和最外层的圆顶之间是一座高耸的砖砌圆锥体，主要是为了支撑重量超过 800 吨的巨大石制穹窿顶塔。在圆锥体的周围有四条铁链环绕，以抵消它自身重量和穹窿顶塔带来的张力。

美国国会大厦

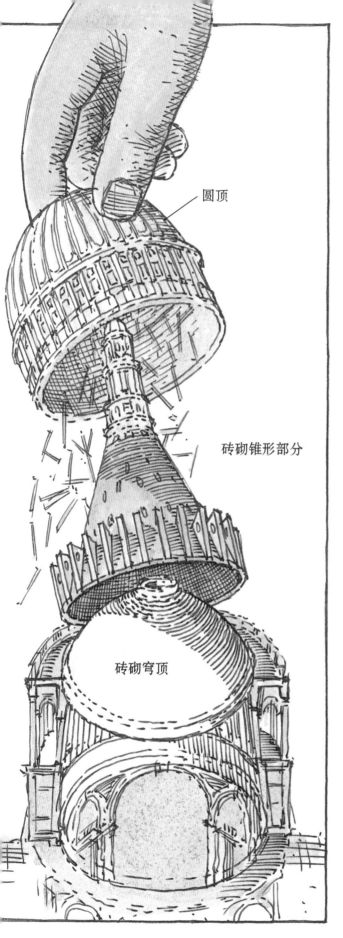

圆顶

砖砌锥形部分

砖砌穹顶

华盛顿特区，1856年—1863年。也许乔治·华盛顿从未真正见过任何一座穹顶建筑，但他仍然相信，一个新的国家最重要的建筑——国会大厦一定要有穹顶才更能彰显其重要性。

第一座国会大厦的穹顶于1824年竣工，内层砖砌结构模仿了万神庙的设计，外侧覆盖有镀铜的木制穹顶形屋顶。按照门罗总统的要求，穹顶的外侧建筑结构比原设计高出很多，这是多方妥协的结果。当美国国会图书馆的大火几乎蔓延到这座从未受到广泛欢迎的建筑时，国会决定为中央圆形大厅建造一个全新的屋顶。

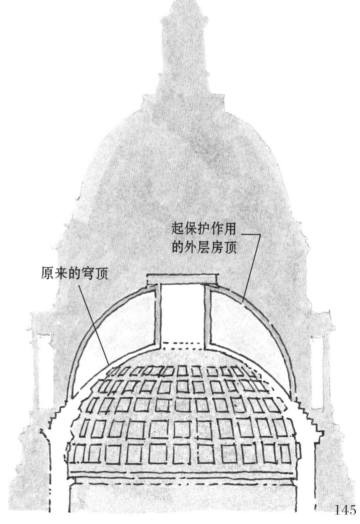

起保护作用的外层房顶

原来的穹顶

新穹顶的第一张设计图出自建筑师托马斯·U.沃尔特（Thomas U. Walter）之手。他曾在欧洲参观过很多建筑，且从那些建筑中获取了灵感，尤其是圣彼得大教堂、巴黎荣军院和圣保罗大教堂。此外，新穹顶的设计还受到了俄罗斯圣彼得堡的圣伊萨大教堂影响，虽然沃尔特仅从图纸上研究过它。这四座建筑都采用了传统基座、双层鼓形座、圆顶和穹窿顶塔的组合，而圣伊萨大教堂的特殊之处在于，它是采用铸铁建造的。铸铁建筑可以增加穹顶的年代感，也经济很多，并且还有利于防火。

在沃尔特和美国陆军工程兵团上尉蒙哥马利·C.梅格思（Montgomery C. Meigs）的监督下，工程于1856年开工。工人们首先拆除了之前的穹顶，并搭建了一座临时屋顶。由于新穹顶的直径增加了，它所需要的基座也变大了，而基座正是唯一用石头建造的部分。鉴于这部分的规模和重量巨大，需要对现有的建筑结构和地基部分进行巨大的调整，这将导致造价陡增。

梅格思提出了更好的建议。他在不改变圆形大厅上半部分直径的情况下，重建并加固了墙体。他在墙体顶端安装了一圈巨大的铁质托架，向外拓展了近3米，用来支撑后续围绕着鼓形座建造的36根圆柱，每两个托架支撑一根圆柱。这些托架通过一个粗铁环相连，并被固定在墙体中。梅格思还在托架的底端和下面的房顶之间安装了一圈薄薄的铸铁外壁，让基座看起来是用石头建造的，非常坚固。

由于整座建筑是由多个零件依靠螺栓固定在一起的，因此不需要使用传统的拱架。工人们只在圆厅的地板上建了一座木制塔架，上面装有吊杆和滑轮，用来吊装建材。

工人们将8米长的铸铁圆柱依次沿墙壁放置好，并稳稳地固定在基座上。在每根圆柱后面约1.8米的墙壁上，工人们架起四根十字形的铁柱。这些铁柱不仅作为拱肋的基底，还支撑整个圆顶，起到固定鼓形座墙壁的作用。

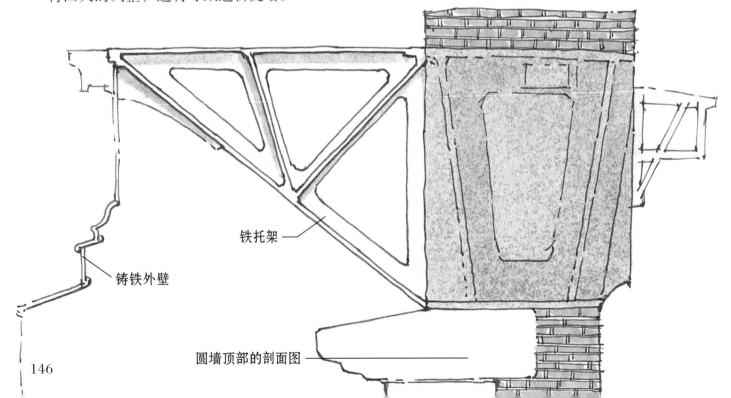

铁托架

铸铁外壁

圆墙顶部的剖面图

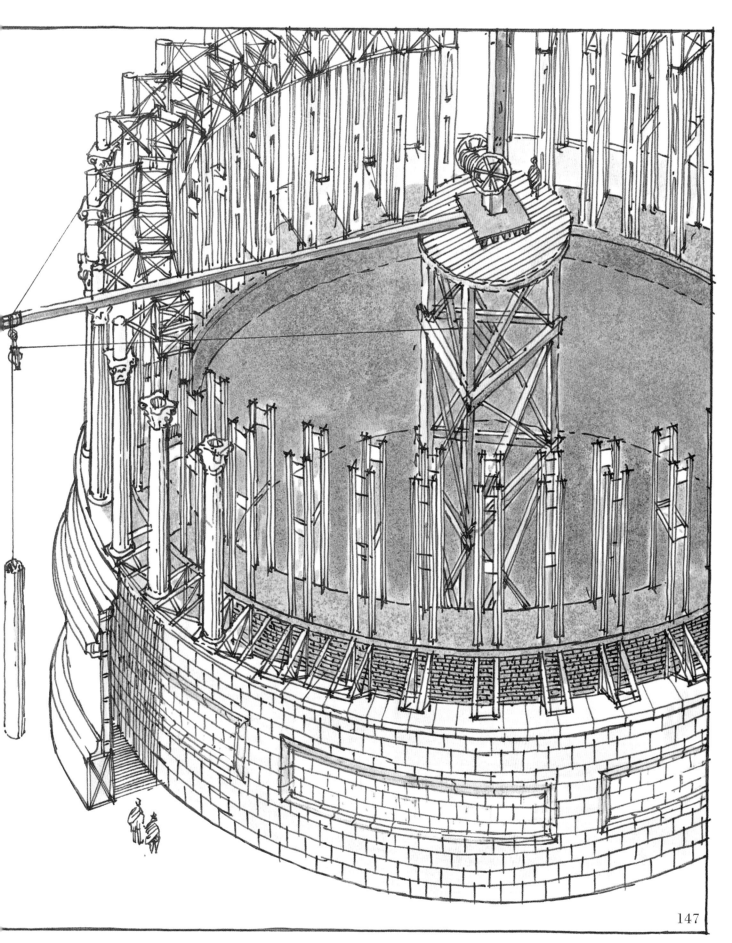

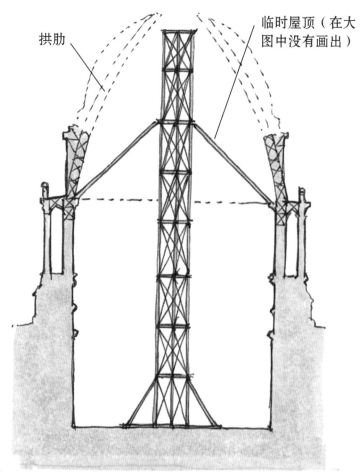

拱肋

临时屋顶（在大图中没有画出）

当鼓形座靠下的一层建成后，工人们开始建造 36 根弧形拱肋，同时为上一层鼓形座添加各种带有华丽装饰的部件。鼓形座完全建成后，工人们加高了木制塔架，以便完成高处部件的组装工作。

1861 年，南北战争爆发了，原本要投入建造穹顶的资金和建筑材料转投到了更紧迫的战争装备供给上，所有的合同都被中止了，也没有新的建材再运送到工地上。后来的一年中，少数留在工地上的工人只能继续安装手头上已经生产好的铸铁部件。

尽管如此，穹顶的重要性再次占了上风。1862 年，战争还在继续，政府依然决定继续修建国会大厦，以彰显最终统一全国的信念。

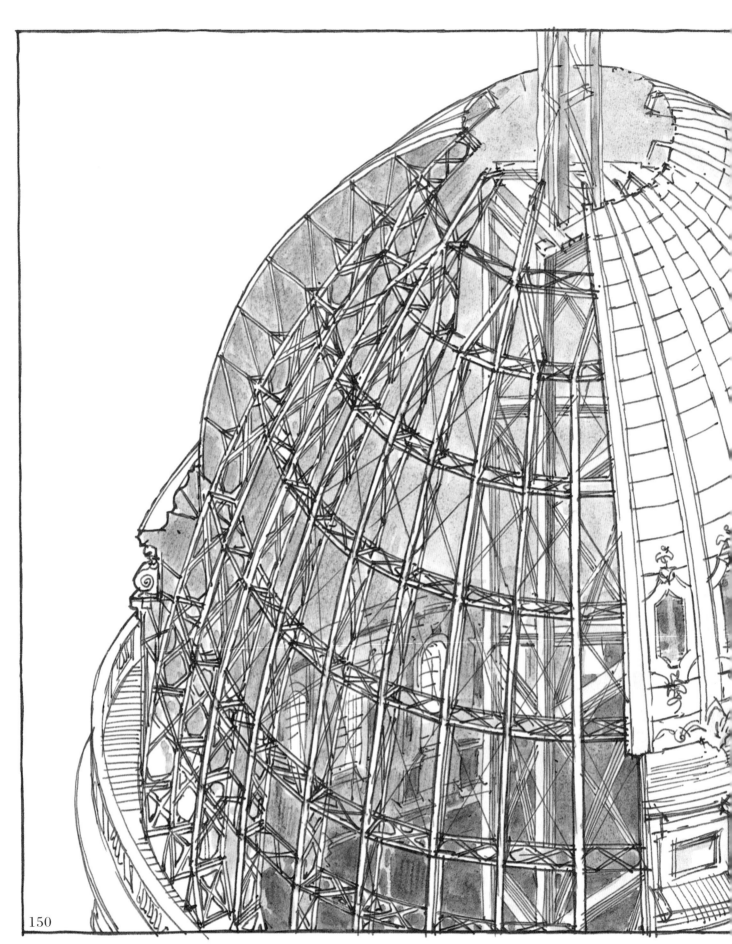

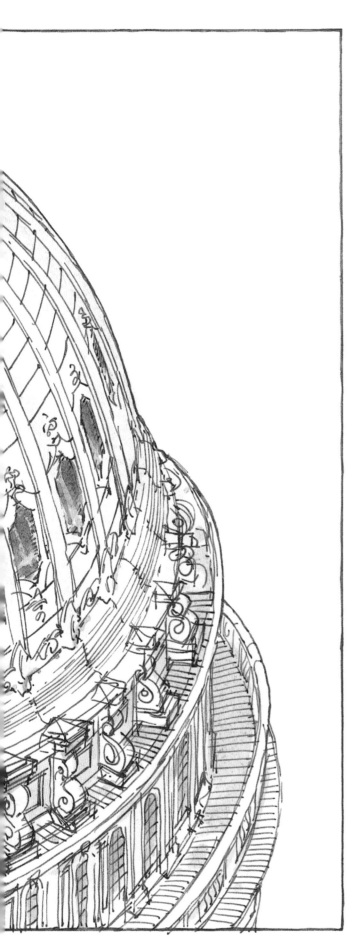

很快，工地上运来了新的部件，工人们迅速进行装配。随着拱肋不断升高，工人们加装了水平的铸铁扁带，将所有的拱肋连接在一起，用能够精确调节张力的缆绳进行加固。从每条拱肋外侧伸出的架子可以为圆顶的各个部件提供支撑。

在距离圆厅地板约 61 米的上方，36 根拱肋的顶端每 3 根合为一组。形成 12 根拱肋支撑上层的穹窿顶塔。1863 年 12 月上旬，自由女神铜像被固定在穹窿顶塔的顶端，至此，穹顶的外部建造全部完成。

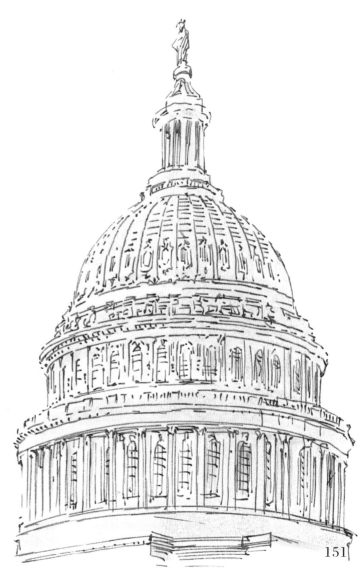

随后，工人们开始进行内部装饰。首先是
在内侧装饰有花格镶板和穹顶之眼的华美穹顶，
各个部件被一块块吊装在拱肋上。接下来是装
饰悬挂在穹顶之上的穹窿天顶，在上面绘制不
朽的画作，人们将通过穹顶之眼观赏到令人难
忘的景象。直到 1865 年春天，亚伯拉罕·林肯
的遗体被安放在下面的圆厅里供人们瞻仰时，
画家康士坦丁·布伦米迪（Constantino Brumidi）
还在绘制这幅旷世杰作。

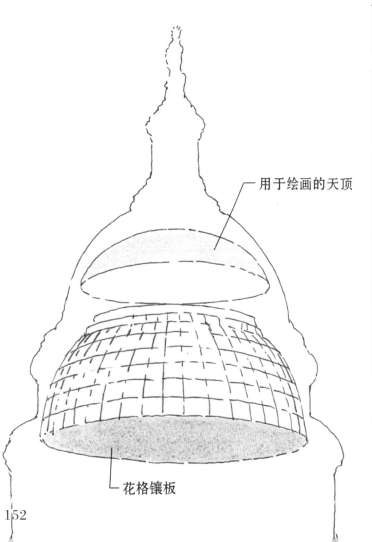

用于绘画的天顶

花格镶板

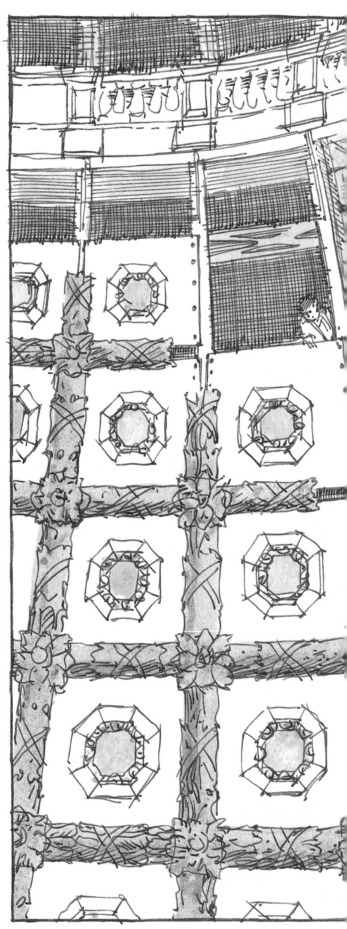

阿斯托洛圆顶体育场

德克萨斯州，休斯敦，1962 年—1965 年。 休斯敦需要建造一座大型体育场，不仅能够容纳一个棒球场和 5 万名棒球爱好者，还要不受温度、湿度、蚊虫影响，并配有空调装置。考虑到座位绕场布置接近于圆形，而且建造时不能使用任何柱子，以免妨碍比赛和观赛，那么采用穹顶设计就合乎情理了。两千年来，穹顶设计在提升建筑和建筑师的名声方面卓有成效，休斯敦这座跨度达 195.7 米且没有任何柱子支撑的体育场也一定不会例外。身兼主持人和棒球迷的德克萨斯人贾奇·罗伊·霍夫恩兹（Judge Roy Hofheinz）显然也是这样考虑的。

最终建成的穹顶被称为"网格壳屋面"，由预制的钢桁架固定在一起，形成拱形结构。这些拱形结构依靠连锁的对角斜杆组成的桁架相互连接在一起。和我们之前所看到的那些穹顶不同，阿斯托洛圆顶体育场是依靠37 座临时塔架，从中间向外侧建设的。由于穹顶的弧度相对较小，为

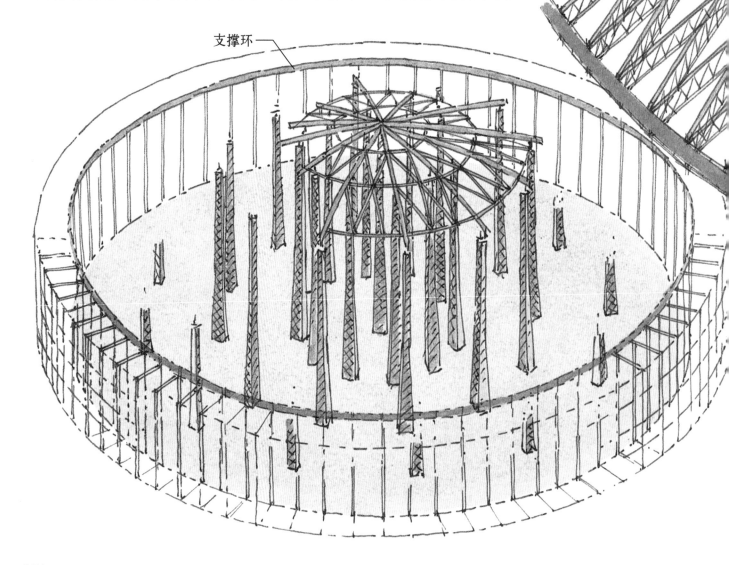

支撑环

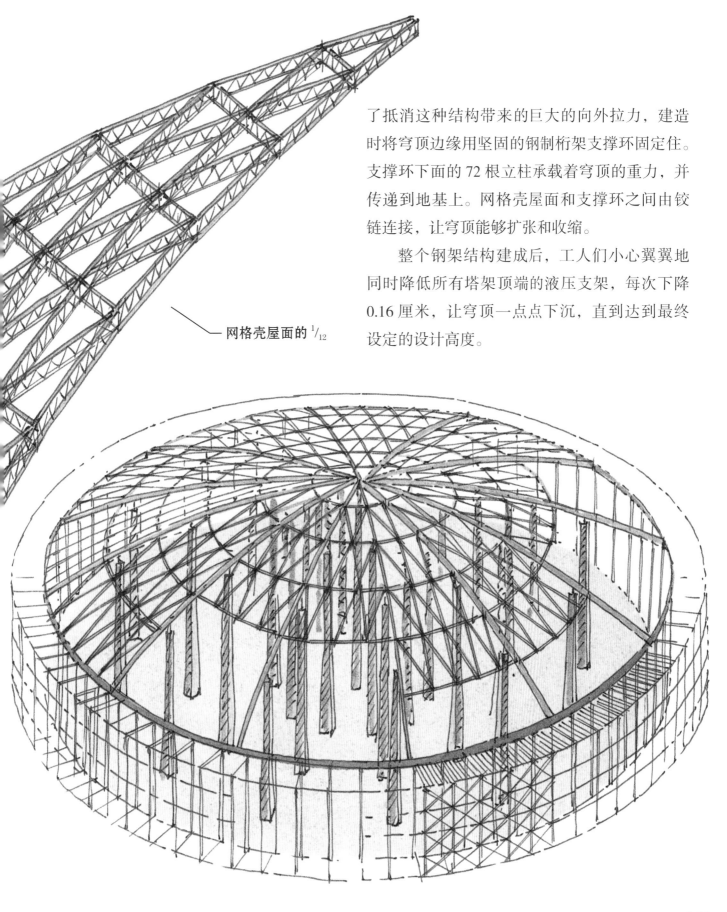

了抵消这种结构带来的巨大的向外拉力，建造时将穹顶边缘用坚固的钢制桁架支撑环固定住。支撑环下面的 72 根立柱承载着穹顶的重力，并传递到地基上。网格壳屋面和支撑环之间由铰链连接，让穹顶能够扩张和收缩。

　　整个钢架结构建成后，工人们小心翼翼地同时降低所有塔架顶端的液压支架，每次下降 0.16 厘米，让穹顶一点点下沉，直到达到最终设定的设计高度。

网格壳屋面的 $\frac{1}{12}$

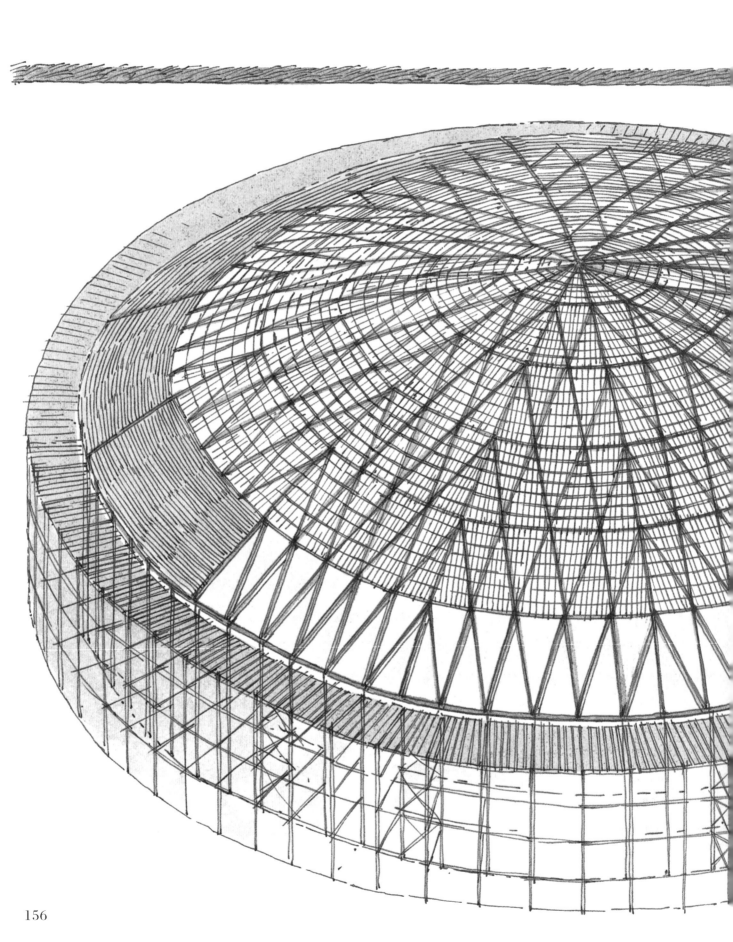

　随后，工人们在建好的穹顶表面安装亚克力材质的采光窗，在地面种植草皮。但当这座"世界第八大奇迹"开始投入使用时，人们发现它存在一些问题。顶部采光窗不仅透入自然光，还能将光线加强，导致球员们几乎无法看到空中的球。如果将采光窗遮起来，草皮又将很快死亡。尽管这些草皮是为阿斯托洛体育场特别培育的，但它还是依赖阳光的。于是人们发明了一种塑料草皮作为替代品，并命名为"阿斯托洛草皮"，一片片地粘在混凝土地面上。

　直到 1999 年，阿斯托洛圆顶体育场还在举办棒球比赛，但现在，休斯敦太空人队和球迷们抛弃了这座老旧的体育馆，改到市中心一座具备伸缩屋顶的全新球场打比赛。至少在理论上，这座球场（现名少女球场，Minute Maid Park）可谓两全其美。

　那么，老的体育场怎么办呢？它虽然常年闲置，却拥有令人难忘的穹顶，周边有很多停车位，而且有方便的交通设施。如果是我的话，会用它举办全球第一届穹顶博览会。还有什么比在温度适宜、光彩夺目的场馆里鉴赏各种穹顶更让人愉悦呢？当然，能否成功举办这样一个盛会，完全依赖于赞助商的慷慨程度，因为它的开销将非常巨大——但是，嘿，这可是德克萨斯啊，你说对不对，贾奇？

第五章　摩天大楼

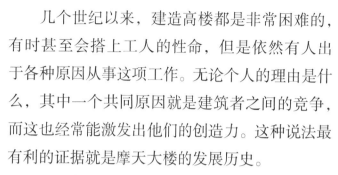

　　几个世纪以来，建造高楼都是非常困难的，有时甚至会搭上工人的性命，但是依然有人出于各种原因从事这项工作。无论个人的理由是什么，其中一个共同原因就是建筑者之间的竞争，而这也经常能激发出他们的创造力。这种说法最有利的证据就是摩天大楼的发展历史。

　　一切都开始于 19 世纪末的芝加哥。1871 年那场毁灭性的大火之后，随着人口的增加，这座城市逐渐繁荣起来，相比于其他行业，房地产市场迎来了爆炸式增长。最受欢迎的地产坐落在市中心——这个区域北边只有几座街区，西边是芝加哥河，东侧毗邻密歇根湖。到了 19 世纪 80 年代，市区剩余的空间已经不能满足房地产市场的需求了。在这种情况下，开发商和地产商只能转而将楼层盖高，在最短的时间内盖得越高越好。

　　1893 年，芝加哥有些正在建设的高楼高度达到了 60 米，并且很快又有新楼超过了这一高度。市议员们开始紧张起来，他们担心这些高耸的盒子建筑会将原本阳光灿烂的街道变成阴暗、荒凉的峡谷，于是规定所有新建筑不得高于 10 层。虽然这个规定严重阻碍了芝加哥摩天大楼的开发（事实上，现在芝加哥还在过度补偿这一问题），但这种高层写字楼已经风靡一时。很快，美国东部城市也开始建造摩天大楼。在不到 25 年的时间里，不断刷新世界最高纪录的大楼接二连三地在纽约市拔地而起，又过了大约 6 年，芝加哥才有建筑重新夺回"世界最高建筑"的称号。

瑞莱斯大厦

伊利诺伊州，芝加哥，1892 年—1895 年。威廉·黑尔（William Hale）建造这座新大厦时打算容纳很多行业：地下室和一层是百货店，二层有珠宝行、裁缝铺等，上面几层则是牙医诊所。

这座大厦的地基长 26 米，宽 17 米，占地面积达 442 平方米，紧挨着斯戴特大街（State Street）和华盛顿大街（Washington Street），另外两侧是一座 L 形大楼。由于这座大楼在"限高令"发布之前就已经动工了，因而设计高度为 15 层。如果再高的话，会对地下仅两三米深就开始出现的黏土层造成过大的压力。

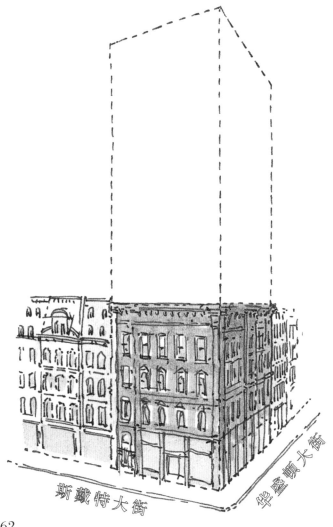

斯戴特大街　华盛顿大街

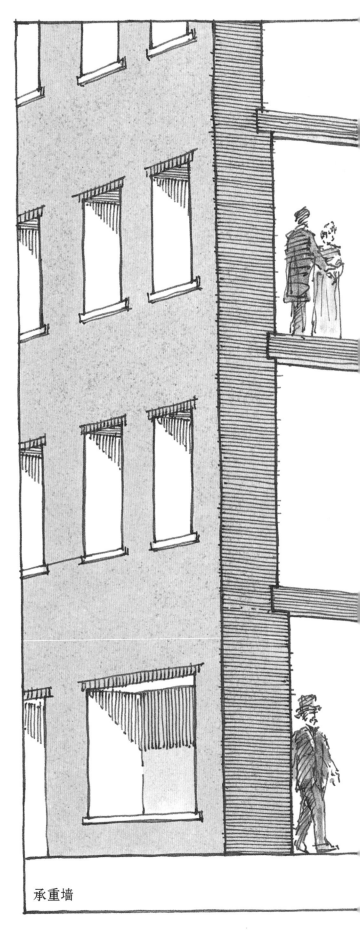

承重墙

那时，几乎所有的高层建筑外墙都采用砖石承重墙。为支撑一座高楼的巨大重量，这种墙体的底部非常厚。这就对窗户的数量和大小造成了很大影响。但是芝加哥的建筑师们采用了一种新的方法，不再需要外层承重墙。他们设计出由横梁和立柱组成的三维网格结构，支撑一座大楼承担的全部荷载，包括由楼层和住户重量产生的垂直方向的力，以及大风和有些地区的地震产生的水平方向的力。

黑尔想建造的瑞莱斯大厦由建筑师约翰·鲁特（John Root）和查尔斯·艾特伍德（Charles Atwood）设计，他们的设计遵循了上述理念，所有结构问题都能通过钢骨架解决，因此建筑的外墙非常薄，只需保证建筑采光和保持建筑内部环境不受天气影响即可。

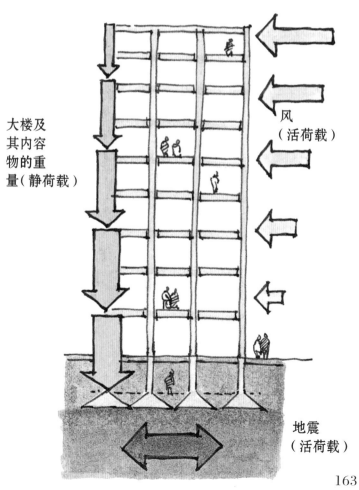

大楼及其内容物的重量（静荷载）

风（活荷载）

地震（活荷载）

钢骨架和幕墙

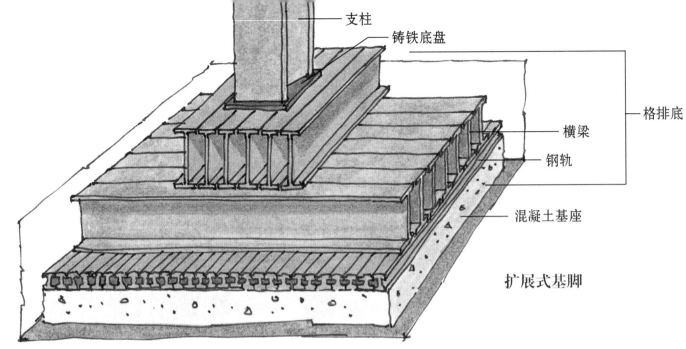

支柱

铸铁底盘

格排底

横梁

钢轨

混凝土基座

扩展式基脚

当大楼的各种荷载传递到支柱底端后，巨大的垂直作用力会集中施加在一块很小的区域上。地基需要将这个力分散到更大的区域，如果还不够的话，就要将力一直传递到下面坚硬的土地或基岩上。工程师们希望通过合适的地基，使挖掘深度最小化，并确保各部分受力均匀。

在建造地基之前，工人们要先向下挖掘4米，露出下面坚实的黏土层，再在上面动工。但由于建筑工地附近尚未拆迁的楼中还有住户，因此施工变得复杂了。黑尔决定用临时搭建的横梁和支柱支撑有住户的几栋楼，这样工人们就可以安全地在下面挖掘。

大楼的支柱不能直接建在黏土层上，要为每根立柱单独建一个特殊设计的支撑结构，称为"扩展式基脚"。这是一种金字塔形的多层结构，建造时首先在黏土层上浇筑一层厚厚的混凝土基座；然后在该基座上放置两层或多层钢轨或者钢梁，相邻的两层互相垂直排列，形成格排底座，再浇灌更多的混凝土进行覆盖。最后，在格排底座上安放厚厚的铁板，作为大楼支柱的真正基座。

1893年，最后一名租户终于搬走了，老旧的砖砌大楼被拆除，新的钢结构建筑工程开始了。当两层楼高的支柱部件被运送到工地后，工人将它们吊装到位，并铆接在一起。为了进一步强化钢骨架，工人们在外侧支柱每层楼高的位置拴上了深梁，称为"主梁"。

大楼的外侧墙壁（后来称作"幕墙"）被设计成一系列水平带状造型，在高高的窗户和狭窄的模塑陶俑雕饰之间交替排列。这些釉面黏土砖不仅可以装饰大楼，而且能在火灾发生时避免伤及钢架。这种防火设计上的进步，以及足够的逃生通道和每层可靠的水源供应，代表了摩天大楼发展中的又一项重大技术革新。

安全高效的电梯也是推动这种新型高层建筑发展的关键技术。在19世纪80年代初期，黑尔和他的兄弟买下了电梯发明者伊莱沙·奥的斯（Elisha Otis）的公司。黑尔电梯公司宣称可以为芝加哥提供最先进的电梯，建筑师们喜出望外，在瑞莱斯大厦里安装了4部这样的电梯。

伍尔沃思大厦

健康的商业环境，坚实可靠的基岩地质条件，这些优势让纽约市快速"进军"摩天大楼领域。当弗兰克·W·伍尔沃思（Frank W. Woolworth）邀请建筑师卡斯·吉尔伯特（Cass Gilbert）设计一座新摩天大楼时，他的愿望是建造一座哥特式高层建筑，而且要比最近的竞争对手——213米高的大都会人寿保险集团大楼高出15米。

他最终看到的是一座不同凡响的高楼。由于建造地点的关系，整座大厦的外形在很大程度上受限于占地面积，但是吉尔伯特使用镶嵌陶土（同样选择了这种材料）装饰带，并将嵌板之间的窗户轻微向内凹陷，这些设计着重突出了大厦的纵向线条。

尽管伍尔沃思大厦的设计目标是提供一流的办公环境，装有当时最快的电梯和最先进的安全设备，但其最突出的特征还是高度。伍尔沃思大厦的高度及其具有视觉冲击力的外观，都源于弗兰克·W·伍尔沃思要将自己的名字永留史册的决心，他确实做到了。从1913年到1930年间，这座大厦一直雄居世界最高建筑宝座。在它名副其实的"现代"外表下，沉重的支撑钢架结构由深深沉入地下渍水土层的沉箱支撑，这样才突破了60层楼的高度。

瑞莱斯大厦（61米）

大都会人寿保险集团大厦（213米）

伍尔沃思大厦（241米）

克莱斯勒大厦

　　"世界最高大楼"称号最终易主，但只是离开了这个街区，却没有离开这座城市。由威廉·范·阿伦（William Van Alen）设计的克莱斯勒大厦几乎比伍尔沃思大厦高 78 米，和伍尔沃思大楼一样，这座大楼也是用沉重的钢架作为支撑。不过为抵御侧向风力，它在电梯井之间加装了对角支撑结构，以提高大厦的强度。

　　这座建筑的大部分外表装饰采用灰白相间的釉面砖，显得低调而端庄。唯一不同寻常的地方，就是吸引我们视线的顶端罩装饰物。在大厦顶端，强烈的阳光通过铬镍钢反射后，由三角形窗户加强成新月形光照，当我们的眼睛适应了这种令人头晕目眩的强光，再望向大厦的顶端时，我们出乎意料地发现了高耸的尖顶，正是这个尖顶设计使得克莱斯勒大厦战胜了最近的对手——曼哈顿银行，但这个设计并没能在接下来的竞争中为它保住世界最高大楼的地位。

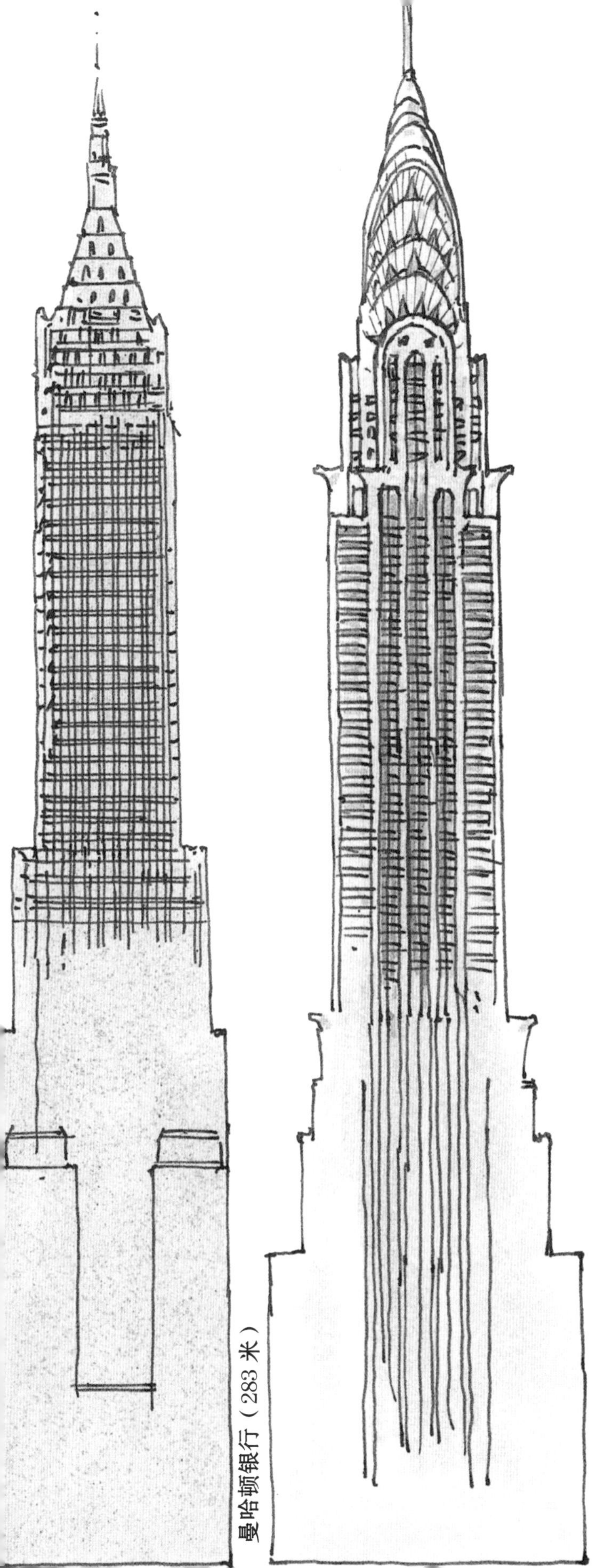

曼哈顿银行（283 米）

克莱斯勒大厦（319 米）

帝国大厦

纽约市，1929 年—1931 年。项目赞助商确定，帝国大厦的目标是要成为世界第一高楼，具体工作交给了"雪瑞夫、兰伯和哈门建筑师事务所"（Shreeve, Lamb, and Harmon）。作为首席设计师的威廉·兰伯负责监督大厦造型的设计过程。

建筑师要考虑很多因素，包括无法控制的因素，比如城市的区划规定和场地限制。有一条规定，为保证街道最低限度的光照和空气流通，要求街道周边的建筑物在达到按照街道宽度计算出的高度时，其建筑位置必须向后退。还有一条规定，只要大厦 30 层以上的建筑面积不超过建筑整体占地面积的 25%，其高度就不受限制。

受到这些法规的限制，兰伯必须考虑如何既满足客户对占地面积和大厦高度的要求，又能实现自己设定的办公人员距离窗户不超过 8.5 米的愿望。楼层面积增加后，为减少人们的等待时间，就需要增加电梯的数量。电梯数量越多，占用的空间也就越大，随之就要增加楼层数量。最终，为了不违背众多规定和要求，由电梯数量决定了大厦的造型。所有的计算完成后，所有人的实际需求都在一幢 85 层高的建筑里得到了满足。

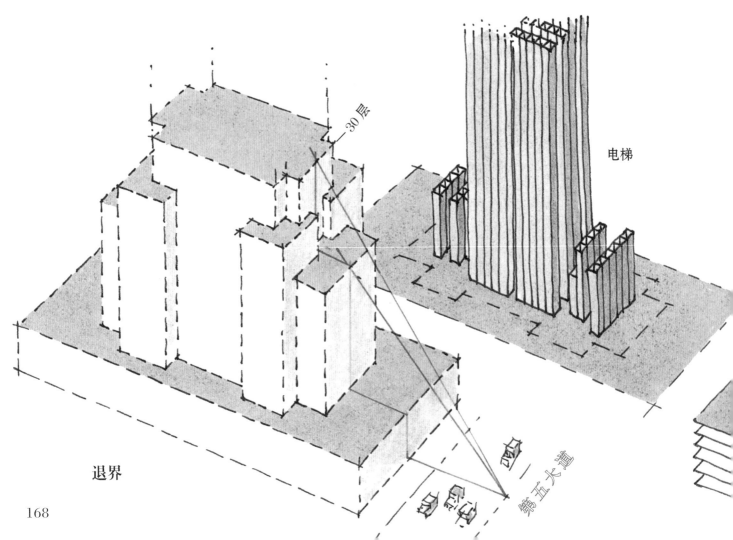

退界

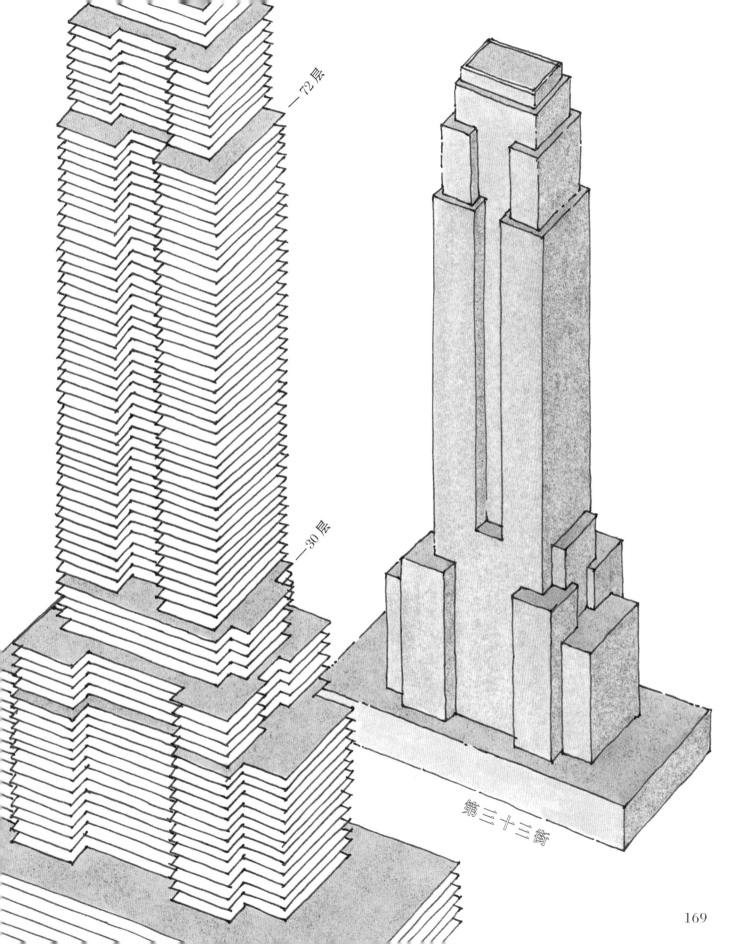

72层

30层

第三十三街

169

为什么是工字型？

当一根横梁或支柱弯曲时，弯曲的内侧产生压力，而外侧产生张力，但两侧中线附近的区域不会受到影响。也就是说，一根坚固的矩形横梁中，中心区域的材料没有起到什么作用。那么，我们就可以节省一根铁制或者钢制横梁中没有被充分使用的那部分材料，于是，横梁

就变成了工字型。两个相互平行的部分，我们称之为"翼缘"，翼缘起到了大部分支撑作用。将两侧翼缘连接起来的部分叫作"腹板"，这部分不需要承受那么大的力，因此可以薄一些。尽管瑞莱斯大厦的主梁不像帝国大厦那样一次轧制成形，而是用角铁厚钢片铆接而成，但它们的整体形态是相同的。

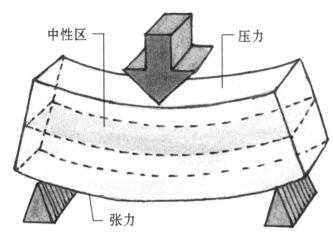

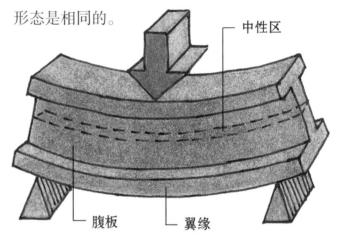

确定了楼层数目和准确的占地面积后，就要确定所有横梁和支柱的位置，还要计算出所能承受的强度。横梁的尺寸基本不受楼层的影响，但支柱的强度在很大程度上取决于它们在钢骨架中的位置，因此尺寸差异很大。

在帝国大厦的建设工地准备就绪后，工人们向下挖掘到基岩（大约比街道低约9米），准备建造扩展式基脚。

与此同时，各种型号的钢骨架陆续生产出来。最重的支柱位于建筑最底层，由工字型钢梁和钢板组成。第一层的支柱架装到各自的基脚上后，工人们开始在支柱间加装横梁，以增加建筑结构的强度，并且为更小的楼板梁提供支撑。所有的支柱都完全被确定为垂直后，工

人们对各个部件的连接处进行永久性固定。

最初几层建好后，工人们架起桅杆起重机，将各种部件吊送到预定位置。每建完几层楼之后，工人们就将起重机拆卸并重新架到更高的位置，这样，建筑高度就不断增长。在高空组装钢骨架的同时，其他工人在忙着制造水泥楼板。他们在大梁和横梁周围架起临时的木模板，在钢铁表面围上一层重型金属网，为每层楼基10厘米厚的混凝土板增加强度。

混凝土部分完成之后，另一组工人立刻开始安装石灰岩块、铝板、铬镍钢镶边和窗户等幕墙的组成部分。为了保障施工进度，所有零件都被设计成了可独立安装的样式。

系泊塔

只用了不到 7 个月的时间，工人们就已经建到了第 86 层的观景台。这时，整座建筑已经比克莱斯勒大厦的尖顶高出 1.2 米，但是工人们依然继续搭建钢骨架，建造一座 61 米高的塔——看起来是让飞艇停靠用的，但这种特技飞行实在太冒险，只尝试过两次停泊，就放弃了。尽管这个系泊塔没能在运输方面起到作用，但它为整座大厦靠近天空的旅程画下了完美的句号。不仅如此，它还使得帝国大厦高过邻居克莱斯勒大厦 61 米，这一优势保持了 40 年。

兰伯和他的工程师们都很清楚，建造高楼真正的难题不是建筑高度的竞争，而在于高层建筑必须和风展开越来越激烈的对抗。即使是帝国大厦这样厚重的摩天大楼，在强风下也会产生几厘米的晃动。

一座建筑产生的晃动很少会对其结构造成威胁，却考验着建设过程中人们的忍耐力，尤其是那些在靠近顶层工作或生活的人。在过去的 50 年里，仅有几座大厦超过了帝国大厦的高度，但变得更加纤细，也越来越轻。新的高楼不再像帝国大厦那样采用沉重的砖石外墙来稳定整座大厦，而是采用玻璃幕墙覆盖钢骨架。有些建筑在每个方向上都能晃动超过 60 厘米，因此工程师们需要研发其他方法对建筑进行加固。

在摩天大楼建设初期，曾尝试使用接头抵消横梁和支柱末端的扭转和弯曲变形。使用"刚接方式"连接后，翼缘和腹板都会被固定住，这样连接在一起的横梁和支柱像是一个整体。建造帝国大厦时的刚接方式是铆接，现在的刚接比那时的要坚固很多，因为使用的是高强度的钢制螺栓，同时进行焊接。但由于这种刚接很复杂，而且生产耗时长，导致造价高昂。

建筑超过一定高度后，仅靠刚接的强度已不足以抵消建筑的晃动。因此，伍尔沃思大厦、克莱斯勒大厦、帝国大厦等摩天大楼都在电梯井安装了对角线支撑钢制桁架，以加固中央核心部位。在后期建造的大厦中，则通过贯穿整座建筑高度的强化混凝土墙，使中央核心部位更加稳固。无论是用钢铁还是用混凝土建造，一座大厦的核心区域内一般会建有电梯井、楼梯井、洗手间和其他机械系统。

通过对建筑内部进行改良解决了高层结构晃动的问题，接下来还要减轻外围骨架的重量，并有效地减少昂贵的刚接的用量。但是，超高建筑对坚固性的要求仍需要外墙起到承重的作用。

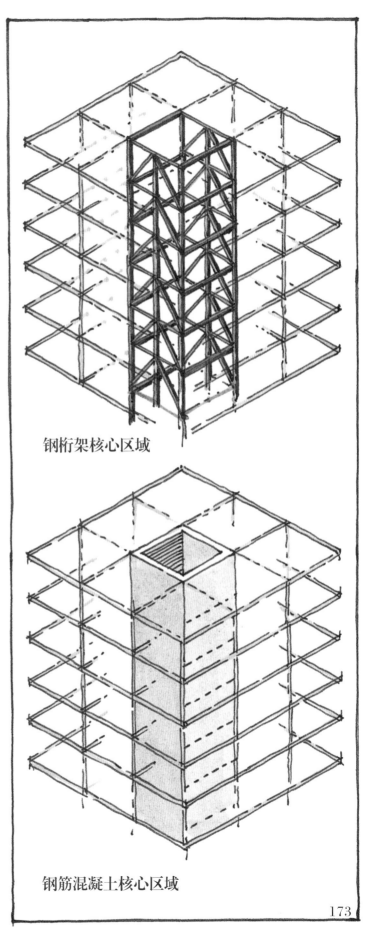

钢桁架核心区域

钢筋混凝土核心区域

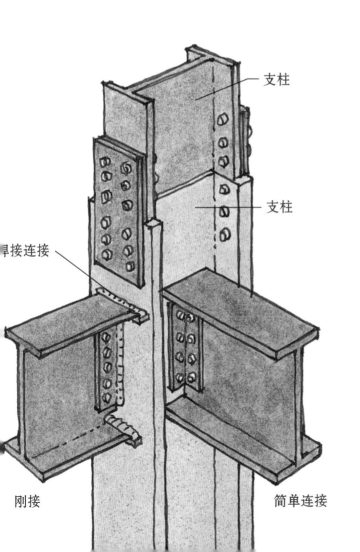

支柱

支柱

焊接连接

刚接

简单连接

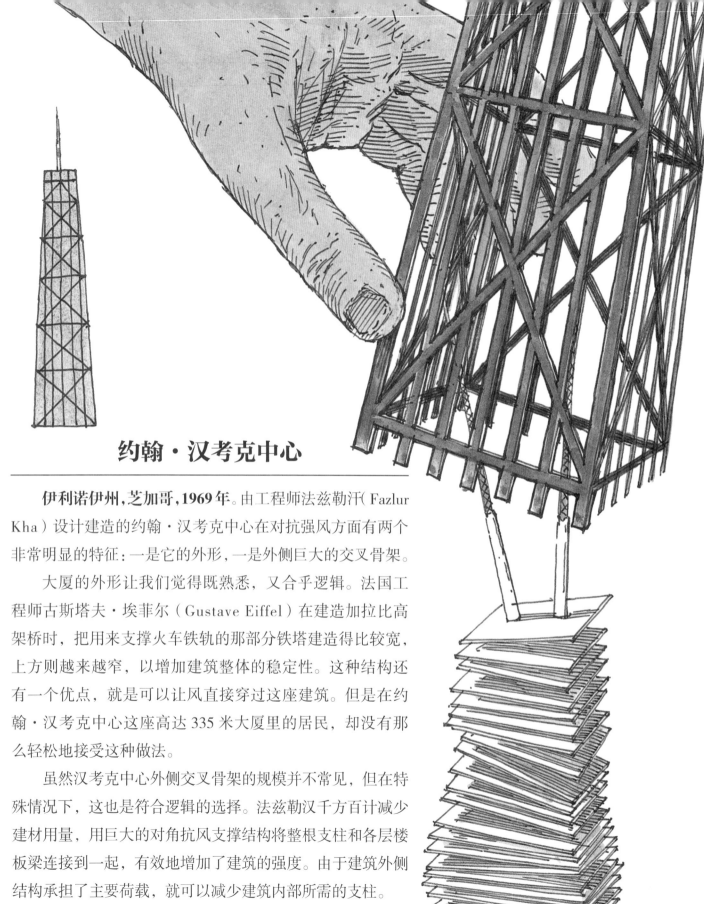

约翰·汉考克中心

伊利诺伊州，芝加哥，1969年。由工程师法兹勒汗（Fazlur Kha）设计建造的约翰·汉考克中心在对抗强风方面有两个非常明显的特征：一是它的外形，一是外侧巨大的交叉骨架。

大厦的外形让我们觉得既熟悉，又合乎逻辑。法国工程师古斯塔夫·埃菲尔（Gustave Eiffel）在建造加拉比高架桥时，把用来支撑火车铁轨的那部分铁塔建造得比较宽，上方则越来越窄，以增加建筑整体的稳定性。这种结构还有一个优点，就是可以让风直接穿过这座建筑。但是在约翰·汉考克中心这座高达335米大厦里的居民，却没有那么轻松地接受这种做法。

虽然汉考克中心外侧交叉骨架的规模并不常见，但在特殊情况下，这也是符合逻辑的选择。法兹勒汉千方百计减少建材用量，用巨大的对角抗风支撑结构将整根支柱和各层楼板梁连接到一起，有效地增加了建筑的强度。由于建筑外侧结构承担了主要荷载，就可以减少建筑内部所需的支柱。

174

世界贸易中心

纽约市，1972 年。建筑师山崎实（Minoru Yamasaki）、工程师约翰·斯基林（John Skilling）和莱斯利·R·罗伯逊（Leslie R. Robertson）用一种新方法来处理垂直作用力和水平作用力。他们设计的 415 米高的世界贸易中心双塔，用外侧的承重支柱组成了外墙。每根支柱间仅间隔 1 米，在每层的位置用粗大的水平横梁连接。最后，两座塔被非常坚固的方形束筒围了起来，形成坚固的格栅结构。核心区域同样也采用坚固的束筒结构，每层楼板将内外两层束筒连接到一起，形成一个没有支柱的开阔办公空间。

工人们分区域建造大厦的外墙，每个区域的高度为 7 米或 11 米，约 2 到 3 层楼高，宽度为 3 根支柱的宽度。同瑞莱斯大厦一样，外墙分区在高度上交错排列，以防止连接点处在同一高度时导致外墙强度削弱。每根支柱最后都被一层铝制外皮覆盖，上面嵌入不锈钢轨道，作为玻璃清洗平台的导轨。

各层楼板也是按照 18.3 米乘以 4 米，约 73.2 平方米的尺寸预制好后运送到工地上的。这些楼板上覆盖着一层薄钢板，工人直接在上面浇筑混凝土来铺设楼板。所有部件都是通过架设在核心区电梯井内的四台爬升式起重机吊送到对应位置上的。当大厦的高度达到起重机的高度时，工人们就用重型液压千斤顶将起重机再升起。

北塔

南塔

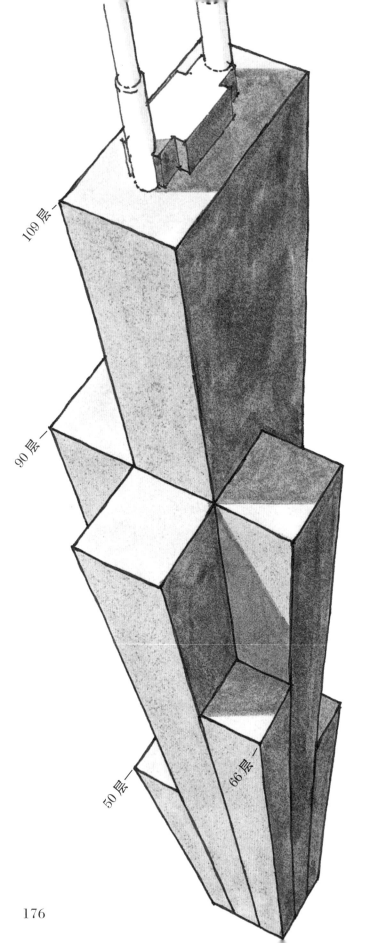

109层—

90层—

50层—

66层—

西尔斯大厦

伊利诺伊州，芝加哥，1974年。如果1个束筒结构都能有效的话，那么9个束筒结构一定更加有效。西尔斯大厦同样由SOM建筑设计事务所（Skidmore, Owings, and Merrill）的法兹勒汗设计，成为了当时的世界第一高楼，高443米，这座楼简直可以说是在瑞莱斯大厦的后院里。1997年，瑞莱斯大厦仅以6.7米之差与"世界第一高楼"称号失之交臂。世界纪录的竞争真是分毫不让啊。

工程师们初期的设计理念是建造多个小型束筒结构，然后将它们连接到一起，形成总占地面积达到9813平方米的整体结构。随着大厦高度不断攀升，其中的7个束筒结构在特定高度停止建设，形成了高度不断递增的外观效果，这样不仅使建筑结构更合理，也让人们心理上更有安全感。只有两个束筒结构被永远固定在一起，一直延伸到大厦的最高点。

和世界贸易中心的建筑结构不同，法兹勒汗没有采用多根小型支柱紧密排列在一起的设计，而是在每个束筒结构内使用相互间隔4.5米的大柱子，并用1米粗的大梁连接。束筒结构内的每层都有粗大的桁架支撑，使得楼层内部不需要额外的支柱支撑，非常开阔。整座建筑被镀铜窗户和黑铝护板覆盖，凸显了每根支柱的位置，却模糊了其尺寸。

对于如此巨大的建筑物来讲，在黏土层建造扩展式基脚已经无法支撑了。每根主支柱由一根位于地下三楼位置的直径2米的混凝土墩基础支撑。墩基础向下延伸18米，一直扎进基岩中，被牢牢地固定住。

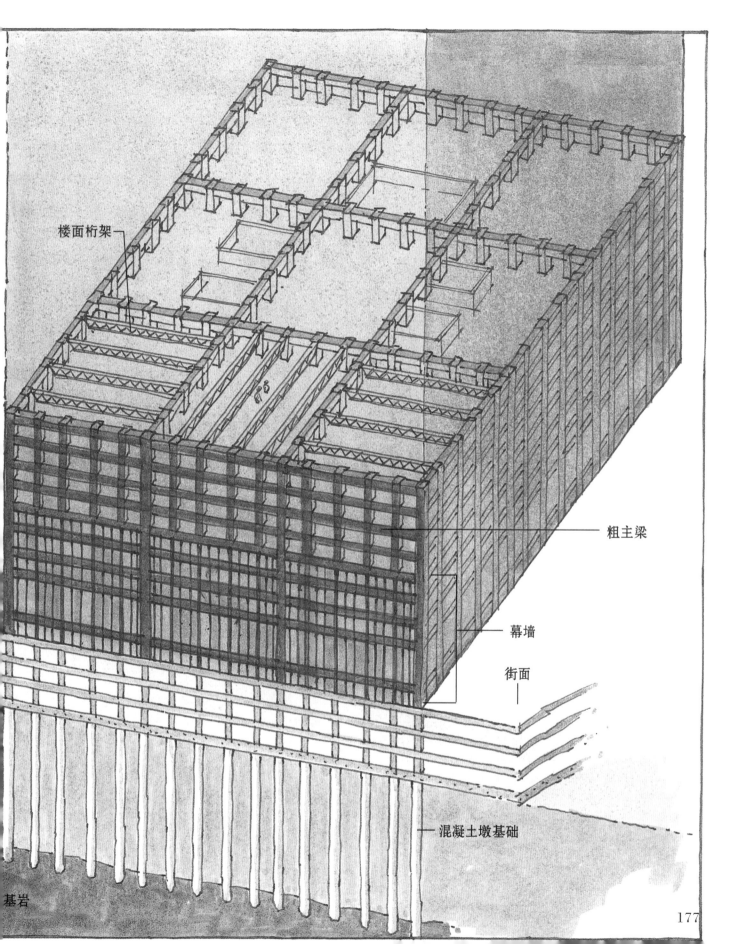

楼面桁架

粗主梁

幕墙

街面

混凝土墩基础

基岩

177

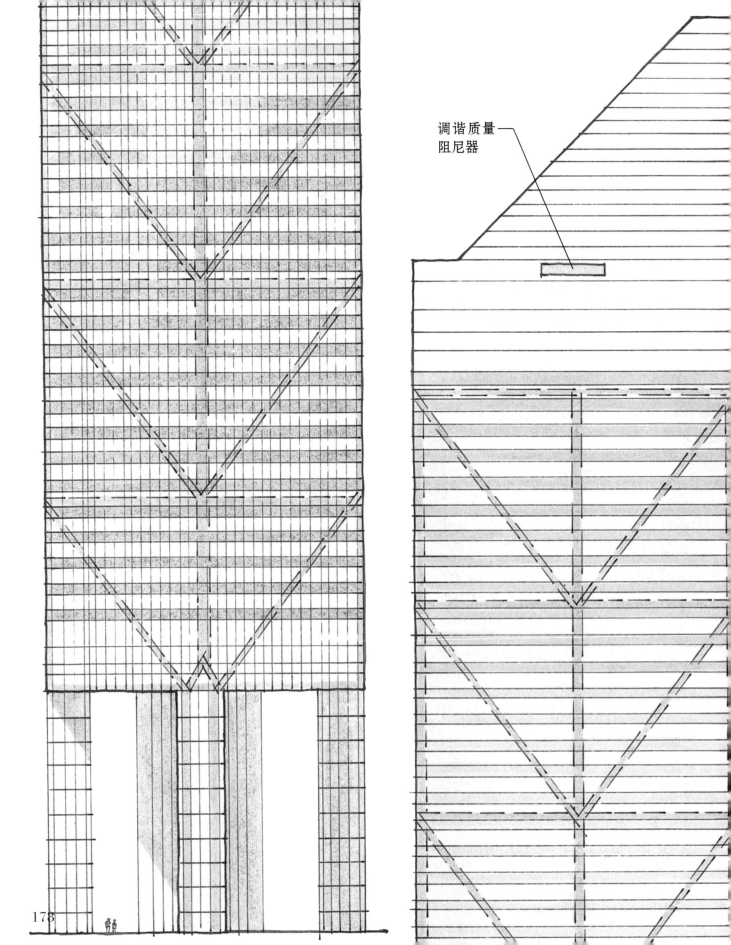

调谐质量
阻尼器

花旗集团中心

纽约市，1977 年。由建筑师休·斯塔宾斯（Hugh Stubbins）和结构工程师威廉·勒·梅舍里（William Le Messurier）共同设计的前花旗集团大厦（现在的花旗集团中心）底部四座巨大支柱的位置很是与众不同。通常，这些支柱应该位于大厦的四角，可它们却位于大厦四条边的中心点上。这一设计可以使街面空间更加开阔。大厦的玻璃和铝材幕墙下隐藏着的倒三角形支撑结构将外墙的荷载传递给这四根支柱，可以有效解决大厦晃动问题。

这一设计的关键在于一个名为"调谐质量阻尼器"的装置，它的核心部件是一个底面积约 2.8 平方米、高 1.8 米的混凝土质块，重达 400 吨，当然，它是在大厦封顶之前浇筑的。这个质块由 1 米高的混凝土基座支撑，下面是 12 个直径 60 厘米的支撑盘。这个精巧的装置被放置在大厦 63 层中央的一块光滑的混凝土底座上。

当电脑系统检测到风力加大的时候，质块支撑盘会喷出油液，轻轻托起质块。当大厦开始晃动时，阻尼器会被活塞激活，随着大厦一起运动。但受到油液的影响，阻尼器的晃动跟不上大厦的晃动。几秒钟后，大厦达到晃动的极限，开始向反方向运动。此时，阻尼器依然按照原来的方向短时运动，直到各种弹簧和控制臂阻挡它的移动，并促使它向反方向运动。这个过程不断重复，直到阻尼器和大厦都停止晃动。阻尼器的设计使二者的晃动永远处于不同步状态，能把大厦的晃动程度减小到将近一半。

阻尼器有很多种类型，巴黎一座摩天大楼的设计方案中，计划使用重达 600 吨的钟摆抗震系统，其中的一部分悬挂在一个硅盆内。当大楼晃动时，钟摆会跟着大楼一起晃动，但它的晃动会受到高密度硅的严格限制。通过这个看似简单的装置，风能被转移到了硅盆中，减少了大楼的受力，从而减轻大楼的晃动。

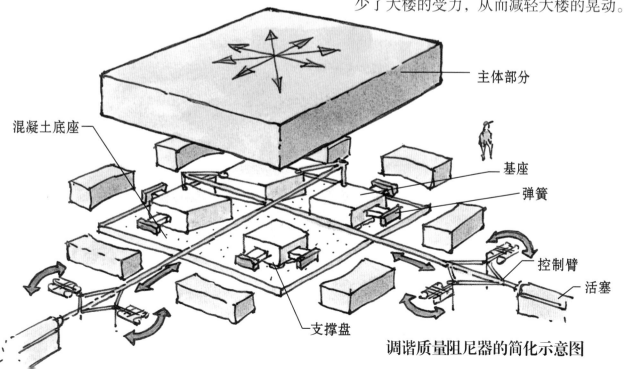

主体部分

混凝土底座

基座

弹簧

控制臂

活塞

支撑盘

调谐质量阻尼器的简化示意图

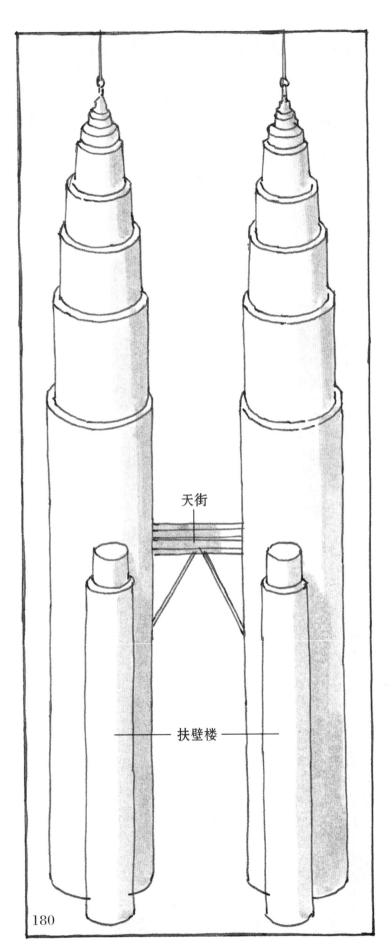

天街

扶壁楼

双子塔

马来西亚，吉隆坡，1993 年 —1997 年。
1991 年，世界上几家著名的建筑公司受邀为马来西亚国家石油公司设计两座摩天大楼用于日常办公。在最终胜出的西萨·佩里（Cesar Pelli）和查尔斯·桑顿（Charles Thornton）的设计方案中，这对建有巨大清真式塔尖的双塔高度均为450 米。事实上，两座塔并肩排列的设计更加强调了它们的对称性。在大楼第 41 层和 42 层伸出的双层天街满足了行人在两塔之间穿行的需要，也是重要的应急逃生通道，这让整座建筑的外形如同一座具有象征意义的大门。

楼层形状由八角星演化而成，这种形状在伊斯兰教建筑设计中很常见。但去掉核心区域的空间之后，每层的可用空间就不足够大了，楼层越高尤其如此，最终的解决方案是在星形的角与角之间添加一个弧形的悬臂支撑设计。

双塔的高度和相对纤细的塔身要求双塔一定要非常坚固，因此建造了两座与塔身相连的圆柱形结构，称为"扶壁楼"，可以额外提高塔身的稳定性，同时还能够满足占地面积的需要。这对摩天大楼的坚固度主要靠高强度混凝土来实现，在所有混凝土建筑中，横梁和支柱的连接都是非常坚固的。双塔基本都是一层束筒套一层束筒的结构，外层束筒是开阔的网格结构，由每层的完整环梁将粗大的圆柱形支柱（底部直径 2.4 米）连接而成。外层束筒和内层核心区域厚厚的墙壁之间架设的是钢架混凝土楼板，粗大的混凝土悬臂梁横在半层楼的位置上，这样就将建筑物受到的侧向作用力化解掉了。

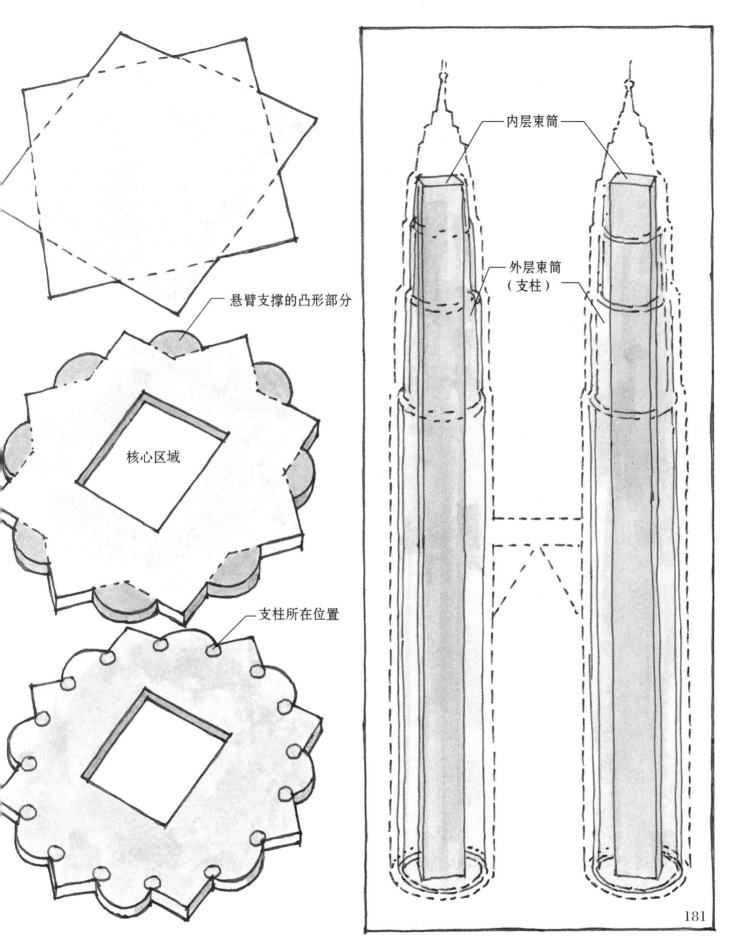

悬臂支撑的凸形部分

核心区域

支柱所在位置

内层束筒

外层束筒
（支柱）

181

双子塔让人过目不忘，可惜的是我们无法看到它们的地下结构。这两座建筑地基部分的精彩程度比起地上部分来有过之而无不及。

设计之初，工程师们就得知这一区域的土壤非常松软。他们原计划用混凝土墩基础支撑两座高塔的支柱，将重力直接传递到下面的基岩上，但地基勘测表明，在其中一侧安装墩基础只需挖掘 15 米就够了，而在另一侧要挖掘将近 183 米。由于墩基础随着时间的推移会逐渐变短（无论是混凝土柱，还是钢柱），建设完成后可能会出现不一致。那座倾斜的意大利钟楼就是一个例子，没人愿意冒这种风险。幸运的是，曾作为赛马场的施工区域的面积足够大，工程师们将双塔移动到了一个地况更好的位置。

最后，工程师们决定将两座塔建在厚厚的钢筋混凝土垫层上，垫层由大约 100 根矩形摩擦桩支撑。这些摩擦桩大小不同，最大的摩擦桩面积约 2.88 平方米，长约 122 米。大厦的重量挤压着垫层底部和基岩表面之间的土壤，在摩擦桩周围产生了压力，防止地基下沉。这里的摩擦力非常大，虽然摩擦桩的底部根据基岩表面的形态进行了调整，但事实上并不会接触到基岩。工人们还在摩擦桩的周围灌注水泥浆，形成了很多凸块，这进一步加大了摩擦力。

加固核心区域

高塔和扶壁楼的地基垫层

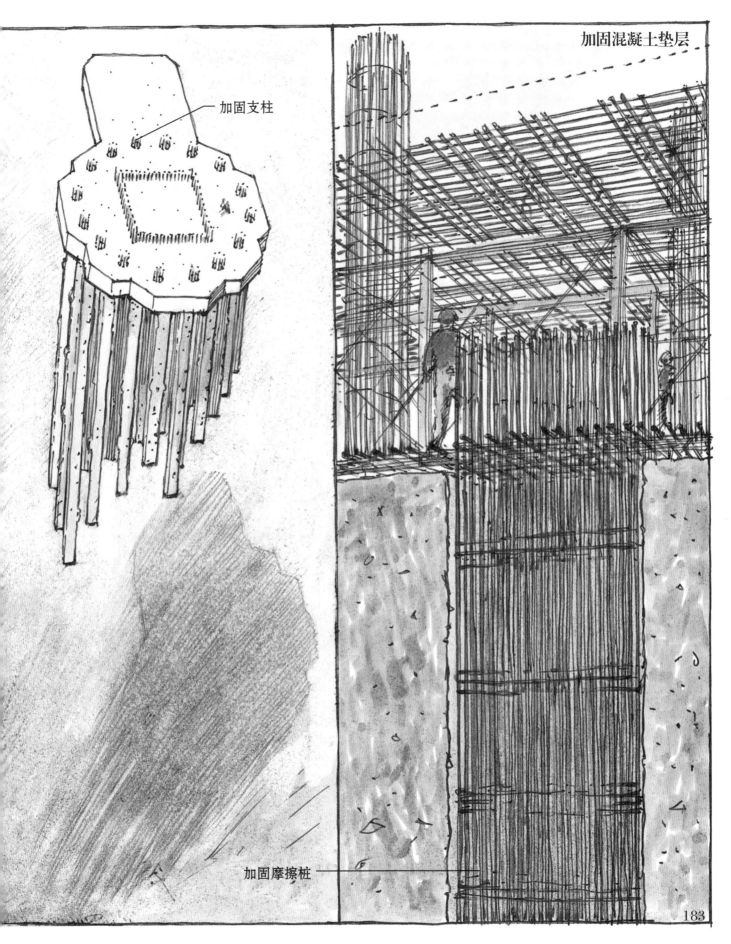

加固支柱

加固混凝土垫层

加固摩擦桩

183

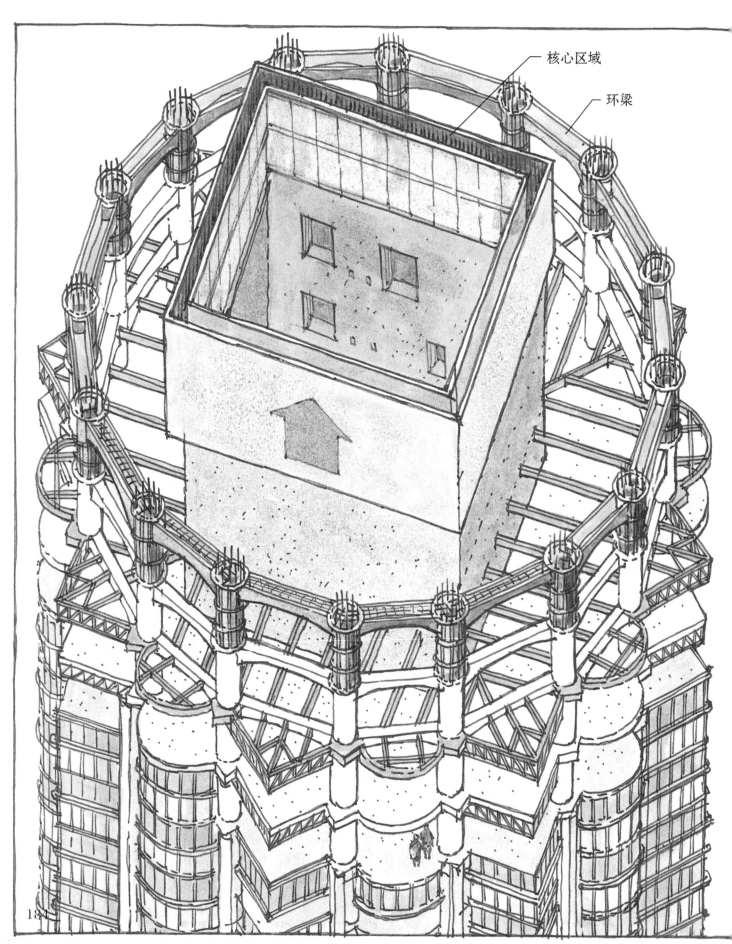

核心区域

环梁

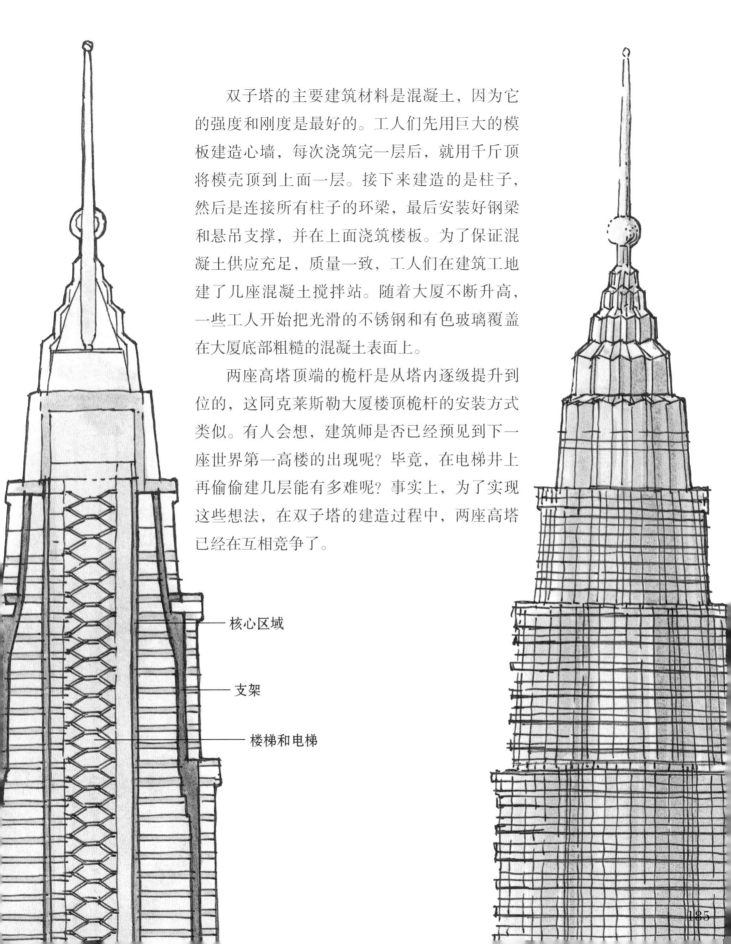

双子塔的主要建筑材料是混凝土，因为它的强度和刚度是最好的。工人们先用巨大的模板建造心墙，每次浇筑完一层后，就用千斤顶将模壳顶到上面一层。接下来建造的是柱子，然后是连接所有柱子的环梁，最后安装好钢梁和悬吊支撑，并在上面浇筑楼板。为了保证混凝土供应充足，质量一致，工人们在建筑工地建了几座混凝土搅拌站。随着大厦不断升高，一些工人开始把光滑的不锈钢和有色玻璃覆盖在大厦底部粗糙的混凝土表面上。

两座高塔顶端的桅杆是从塔内逐级提升到位的，这同克莱斯勒大厦楼顶桅杆的安装方式类似。有人会想，建筑师是否已经预见到下一座世界第一高楼的出现呢？毕竟，在电梯井上再偷偷建几层能有多难呢？事实上，为了实现这些想法，在双子塔的建造过程中，两座高塔已经在互相竞争了。

核心区域

支架

楼梯和电梯

法兰克福商业银行大厦

德国，法兰克福，1991年—1997年。这座大厦在设计之初，就计划在中间提供一个与自然互动的开放式空间。无论人们把办公桌放在哪里，都能接触到自然光、新鲜空气，还拥有良好的视野。大厦的外观也要富有吸引力。这座大厦的占地面积及其形状并没有什么限制，但最后来看，最合理的造型是略带弧度的等边三角形，三个角的位置正好为电梯、楼梯和机械系统提供空间，内部空间和中庭则完全开放，没有任何障碍物。

对于建筑师诺曼·福斯特（Sir Norman Foster）和他的设计团队（包括工程师阿汝伯（Arup）、克瑞伯斯（Krebs）和奇佛（Kiefer））来说，只要确定了建筑面积的需求，估算大厦的楼层数就是一项比较直接的工作。但是，按照这个楼层数完全不能实现建造一座引人注目的摩天大楼的目标。此外，如果只能在中庭地面上设置花园的话，四层以上的人们是根本无法看到的。

为了让所有人都能享受花园，建筑师们将楼层分成几个区块，并用可以种植树木的空间将这些区块纵向隔开。起初，这个设计存在两

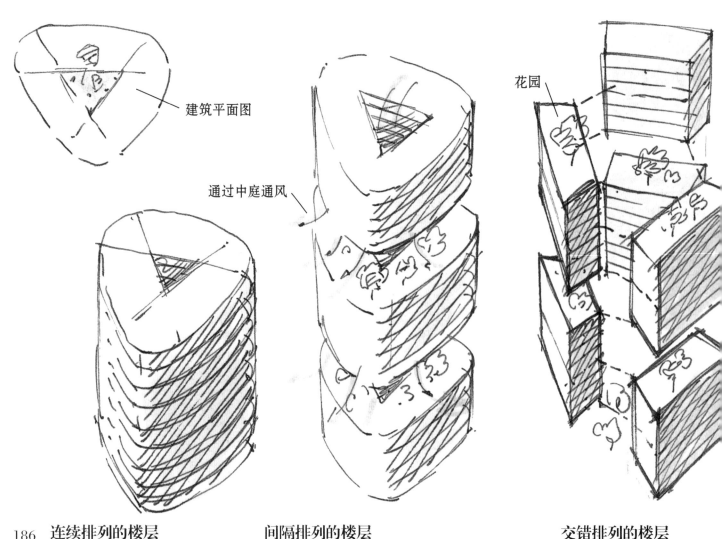

建筑平面图

通过中庭通风

花园

186　**连续排列的楼层**　　　　　　　**间隔排列的楼层**　　　　　　　**交错排列的楼层**

个问题，一是只有在每个区块的最底层和最顶层才能够欣赏到这些花园，二是，如果在大厦三条边相同的高度设置这些区块，会导致大楼结构先天性脆弱。最终，建筑师们将这些区块螺旋排列，解决了这两个问题。现在，无论人们身处大厦的哪一层，都可以观赏中庭花园，或向外俯瞰整座城市。

分配好办公区和开放区后，工程师们开始考虑如何将它们结合在一起。这座大厦较小的占地面积（每条边约长 47.5 米）和较高的高度（约 256 米）对比，使得其坚固性成为了一个关键性难题。建筑师们决定尽量将大厦的支撑结构从中心移到边缘，以增加结构稳定性。他们将大厦的所有支柱、电梯、楼梯及公用设施都建在了大厦的三个顶角上。实质上，建筑师们建造了三个独立的核心区域。

每个核心区域都有两根名为"巨型柱"垂直钢制桁架和三根较小的截面为三角形的支柱。这些支柱在每一层的位置被固定在一起后，该核心区域就极为稳固了。之后，在核心区域内铺设楼板，楼板的外侧边缘由 8 层楼高的直线网格桁架支撑，我们将这种桁架称为"空腹桁架"，空腹桁架的末端固定在巨型柱上。

典型的顶角核心结构

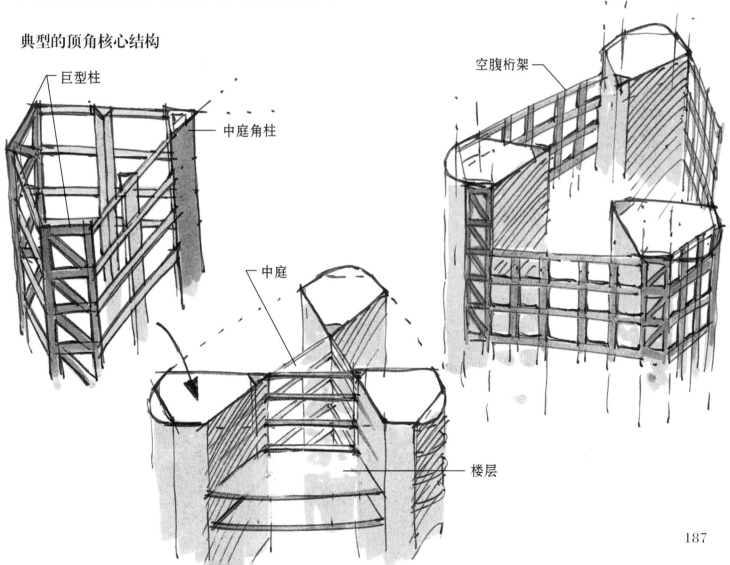

巨型柱

中庭角柱

空腹桁架

中庭

楼层

187

大厦地基坐落在每个三角形顶点的位置，由在桩群上厚重的混凝土箱构成。经过大约11个月，就开始在地基上建造钢架了。

工人在大厦两个顶点的位置和一面承重墙旁边安装了三台爬升式起重机。他们首先建造的是中庭的钢骨架，这部分的进度总是比大厦的其他部分稍快。之后建造的是巨型柱。工人们一边搭建钢骨架，一边从下面开始浇筑混凝土墙。和一般大厦的支柱不同，巨型柱的垂直钢架部分从底部到顶部都一样粗。而随着楼层升高，巨型柱外层混凝土内埋入的钢筋数量逐渐减少。开始搭建钢骨架后10个月，工人们完成了主塔51层，也就是顶层的建筑工作。

西尔斯大厦利用相对统一的外部装饰隐藏了其真实大小，甚至在一定程度上掩藏了其结构框架，让大厦看起来比实际更大一些。与之相反，商业银行大厦的外墙用金属板包裹，目的却是彰显自己的结构系统，吸引人们注意大厦的构造。金属板和玻璃之间的色差设计非常精巧，既统一了外观，又足够明显地提醒着我们，真正支撑大厦的是什么。商业银行大厦是一座壮观的建筑，但是这样的设计却让人们感受到了这座大楼友好的一面。

大多数摩天大楼的楼层是各自独立的，并且对外也是封闭的，但商业银行大厦并非如此。它依靠中庭将多层空间联系起来，让大厦内部充满自然光照，同时，每个花园平台的窗户都可以打开，也促进了自然通风。

建设商业银行大厦

尽管在我们建设的所有这些巨无霸建筑中，摩天大楼的建造技术最为成熟先进，但我却最不喜欢它对景观的影响。芝加哥市议员们在1893年时说的话是对的，当那些高大的建筑并肩林立时，它们确实会让城市的街道变成昏暗、多风而荒凉的峡谷。即使是一栋独立的摩天大楼，也显示着压倒一切和蔑视一切的姿态，至少是目中无人。我们很难做到对它们视而不见。

　　我在这一章中所讨论的大多数摩天大楼，在建造时面临的主要问题都是要在预算内用有限的占地造出尽可能多的楼层，这是可以理解的。并不是说当福斯特制定商业银行大厦建筑规划时没有重视这个问题，而是他的建筑方案让我有了一丝希望，它看起来能够积极而切实有效地改善摩天大楼所存在的问题。

　　当摩天大楼的基础设计过程中加入了其他考虑因素，建筑师和工程师必须跳出纯粹机械化的解决思路，在客户和设计团队的共同协作下，最终创造出一座与众不同的摩天大楼。他们拒绝再造一座20世纪后期仿中世纪风格的塔楼，他们让我们看到，一座高楼也能够鼓舞楼内的工作人员，为他们提供良好的环境，同时以友好的姿态面对楼外的人们，而不是疏远他们。

　　如此看来，想要创造巨大的成功，特别是在建筑领域，想象力不能只用来解决问题。从构建问题伊始，就应该充分发挥想象力。

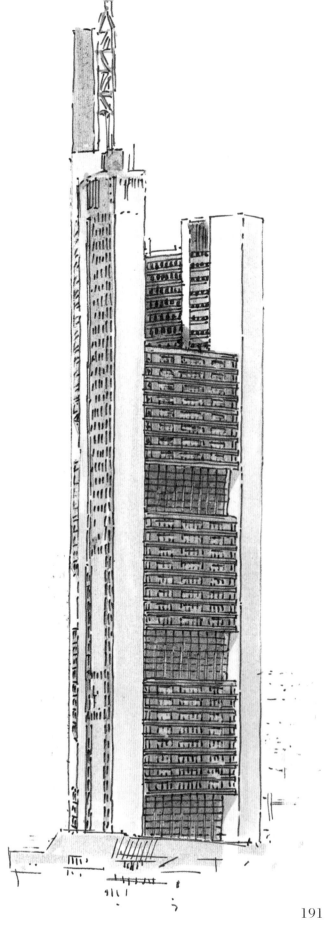

术 语 表

拱（arch）：一种具有弧度的建筑结构，可以将垂直方向的线性力转化成角向力，沿着拱形边缘传递到下面的地基上。

基岩（bedrock）：地球表层的坚硬外壳，通常在地表下几百米的地方。

弯曲（bending）：建筑材料所受压力和张力的合力。

沉箱（caisson）：一个防水的厢式工作室，建筑施工时利用它开展水下作业。

悬臂（cantilever）：一种从支撑点伸出的结构。

铸铁（cast iron）：将铁水倒入模具后冷却形成想得到的形状。

拱架（centering）：一种用来搭建拱或者拱顶的临时性建筑模具。

爬升式起重机（climbing crane）：一种可以升降的起重机，用来同步进行高层建筑的建造或拆卸。

围堰（cofferdam）：在河水中建造的不透水围护结构或屏障，将围堰内或围堰外的水抽干后，就可以在裸露的河床上开展施工作业。

压力（compression）：一种将建筑材料压合成一个整体的挤压力。

混凝土（concrete）：一种由石头或砂子、水泥和水混合而成的建筑材料。在压力环境下，它的性能非常坚固，但在张力环境下，性能很脆弱。

幕墙（curtain wall）：一种建筑上覆盖在结构骨架外面的非承重墙。

恒荷载（dead load）：建筑中被永久固定的结构所产生的重力。

塔式起重机（derrick）：一种起重装置，由一根吊杆和一根桅杆组成。桅杆末端被固定在建筑物上，顶端由钢缆或钢结构脚架固定。

作用力（force）：外界施加在一个物体上的推力或拉力。

模板（form work）：一种临时建筑模具，工人们将流体混凝土倒入其中，来制造特定规格的预制建材。

主梁（girder）：一种由小部件组装而成的大型梁，一般用于支撑更小的横梁。

水泥浆（grout）：由混凝土、骨料和水构成的混合物，灌注到空洞后可以增加施工区的强度，也可用来建造灌浆隔墙那样的防水屏障。

拱顶石（keystone）：一种置于拱顶中心部位的楔形石，用来固定整个拱结构。

活荷载（live load）：建筑中临时可移动结构或物体所产生的重力，以及由风、雨和地震带来的作用力。

承重墙（load-bearing wall）：用来支撑一座建筑物全部或部分重量的墙。

穹隅（pendentive）：一种球面三角形结构，用来拼接成穹顶的圆形基座。

墩（pier）：一种垂直的支撑结构，例如柱子。

梁柱式结构（post and beam）：一种由横梁和立柱（桩）组成的简单结构。

钢筋混凝土（reinforced concrete）：为增加强度而在内部加装了钢筋的混凝土。

竖井（shaft）：一条直通隧道底部的垂直通道，用来运送工人、建材和设备。

泥浆（slurry）：一种不能溶解的水样混合物，用来平衡沟渠和周围土壤间的压力，以防沟渠垮塌。

废料（spoil）：建筑施工过程中产生的废弃土石。

钢（steel）：铁和碳的合金，坚硬而牢固，可敲打或轧制成特定形状。

结构骨架（structural skeleton）：由横梁和支柱组成的三维栅格结构，用来承载一座建筑物的全部荷载。

全断面掘进机（tunnel boring machine）：高度自动化的隧道工程机械，具备隧道挖掘、废土清运和衬砌安装的功能。

张力（tension）：施加在一块建筑材料上的拉力。

支撑环（tension ring）：穹顶基座外侧的环形结构，以防止穹顶向外扩张。

经纬仪（transit）：一种角度测量仪，用来测定垂直和水平方向上的夹角。

桁架（truss）：一种非常稳固的支架，由短且直的零件组合而成的三角形或其他形状的稳定结构。

开挖面（tunnel face）：隧道施工中需要持续挖掘的部分。

隧道盾构（tunneling shield）：一种圆柱形的可移动结构，当工人在不稳定地层开展挖掘作业或修建隧道衬砌时，盾构可提供安全防护。

锻铁（wrought iron）：一种比铸铁脆性更低的铁合金。